글리코 영양소로

내 몸은 다시 태어났습니다

글리코 영양소로
내 몸은 다시 태어났습니다

염소망 지음

모아북스
MOABOOKS

병마의 괴로움에서 희망을 보여준 글리코 영양소

태어나서 늙고 병들고 죽는 것은 어느 누구도 피할 수 없는 운명입니다. 그렇지만 우리는 병이 들었을 때 치유를 위해 현대의학이나 한의학, 자연치유, 대체의학 등의 '선택'을 해야 합니다. 저의 경우에는 글리코 영양소가 그 선택이었습니다.

지금까지 살면서 여러 번 죽을 고비를 넘기고 다양한 질병으로 고통을 받았습니다. 어렸을 때 탈곡기에 딸려 들어가 숨이 멎은 적도 있었고, 밤나무에서 떨어져서 숨이 멎은 것을 여동생의 심폐소생술로 가까스로 목숨을 건지기도 했습니다. 그뿐만이 아닙니다. 연탄가스 중독 2번, 교통사고 2번, 야생버섯의 독 때문에 GPT수치 1,500이 넘는 급성간염, 협심증부터 만성위염, 만성소화불량, 식욕부진, 위경련으로 의한 만성복통, 만성두통, 만성요통, 만성불면증, 만성피로 증후군, 그리고 변비, 치질, 비듬, 무좀, 건망증, 기억력감퇴 등의 자잘한 질병과 증상에 오랫동안 시달려야 했습니다.

그렇게 절망적인 삶을 힘겹게 살아가던 30~40대. 결국은 협심증으로 쓰러지는 일이 생기고 말았습니다. 하지만 때마침 후배 약사로부터 글리코 영양소를 소개 받고 섭취하기 시작해 현재에는 건강히 생활하고 있습니다. 약간의 교통사고 후유증 이외는 모든 것이 정상범주로 돌아와 글리코 영양소를 제외하고는 다른 약은 먹지 않고 있습니다.

직접 놀라운 효과를 경험을 한 이후부터는 지인들에게도 글리코 영양소를 적극적으로 권하게 되었습니다. 팔순이 넘은 저희 모친께서도 7년 전 무릎 관절염으로 한쪽 다리를 절고 다리를 굽히지 못하셨는데 글리코 영양소를 드신 후에 증상이 무척 호전되셨습니다.

주변 사람들이 효과를 볼수록 어떻게 하면 더 많이 알릴 수 있을까 생각하던 차에 마침 염소망 목사님께서 글리코 영양소에 관한 책을 내신다는 소식을 들어 반가운 마음에 이렇게 저의 경험담과 함께 추천의 글을 쓰게 되었습니다. 이 책을 통하여 많은 분들이 글리코 영양소를 접하시고 경험해 보시길 바랍니다.

현직 약사인 저는 부작용 때문에 약의 한계를 느낄 때가 많습니다. 그러나 글리코 영양소는 부작용이 없는 안전한 물질이기 때문에 우리에게 축복이라고 생각합니다. 모든 분들께 하늘의 축복이 임하시길 기원합니다.

강현구 삼육 부산병원 약사

이 책을 읽는 모든 분들께 건강이 깃들기를

영혼 구원에 헌신하시는 염소망 목사님께서 글리코 영양소를 만나고 직접 경험을 하신 이후에 원치 않는 병으로 고통 받는 이들에게 희소식을 전하고자 책을 만드시는 것을 보고 저는 많은 감동을 받았습니다. 미약하지만 모든 사람들의 건강을 염려하시는 염 목사님을 응원하고 싶은 마음에 이렇게 추천사를 쓰게 되었습니다.

염 목사님이 쓰신 소중한 책을 읽는 모든 분들이 병고로부터 해방되어 주님이 부르시는 그날까지 행복한 삶을 살았으면 좋겠습니다. 저 역시 병고로부터 자유롭지는 않았지만 글리코 영양소를 만나 건강을 회복하고 행복을 되찾았습니다. 또한 건강 전도사로서도 소명을 다하고 있습니다. 염 목사님의 건강 바이블을 만나는 모든 분들에게 건강과 영혼의 행복이 임하길 축복하며 추천사를 대신합니다.

강용희 미조사 대표

믿음이 가져온 우리 가족의 건강

저는 무궁교회 창립 멤버의 한 사람으로서 지금까지 교회를 섬겨오면서 임직을 받고 26년을 시무하고 은퇴한 원로장로 김명수입니다. 전직은 택시 사업이었는데 때가 되어 폐업하고, 이제 남은 삶을 건강하게 살기 위해 규칙적인 계획을 세우고 진행하던 중, 저에게도 예외없이 노화로 인해 각종 질병이 찾아왔습니다.

걸을 때나 언덕을 오를 때면 고혈압으로 숨이 차고 목구멍에서 그렁그렁 소리가 나며 컨디션이 안 좋았습니다. 그러던 중 지인으로부터 글리코 영양소를 소개 받았습니다. 저보다 아내가 먼저 먹기 시작했는데 3주 후 5kg이 감량되고 컨디션이 매우 좋다고 해서 저도 섭취하기 시작했습니다. 저 역시 3주 후에 6kg 감량되고 컨디션도 매우 좋아져서 몸을 살펴봤더니 혈압도 정상으로 돌아왔고 숨찬 소리도 사라져 깜짝 놀랐습니다. 인터넷을 찾아보니 글리코 영양소를 섭취한 뒤 희귀 난치병도 정상으로 돌아온 사례도 있더군요.

가장 먼저 자부 얼굴이 떠올랐습니다. 10년 전에 유방암 3기에 절제 수술을 받고 5년 후 전이되어 항암 치료, 방사선 치료를 받았고, 머리카락은 두 번씩이나 다 빠지는 등 상태가 점점 나빠지고 있던 상태였습니다. 저는 자부에게도 글리코를 즉시 섭취하도록 했습니다. 증상이 호전되자 글리코 영양소에 대한 저희 가족의 믿음은 더욱 확실 해졌습니다.

민수기 21장을 보면 이스라엘 백성이 하나님을 원망하자 불뱀을 보내 물려 죽게 한 이야기가 나옵니다. 이때 구리뱀을 만들어 장대에 달아 물린 자는 구리뱀을 쳐다보면 살리라 했을 때 믿고 쳐다본 자는 살고 쳐다보지 않은 자는 죽었습니다. 이와 같이 글리코 영양소를 믿고 먹은 경우에는 하나님의 은혜처럼 좋은 효과를 얻을 수 있을 것입니다. 그래서 저도 이 놀라운 글리코 영양소를 알리는 행복 전도사가 되려고 합니다. 그래서인지 요즘 저를 만나는 분들이 건강해지고 젊어 보인다고 하네요. 너무 감사합니다. 여러분도 저처럼 건강하며 행복한 삶을 사시기를 바랍니다.

김명수 무궁교회 장로

글리코 영양소의 위대한 가치

건강한 삶의 해법은 무엇일까?

오늘날 과학과 의학의 발전에도 불구하고 질병은 날로 늘어만 가고 있습니다. 장수과학과 노화연구에 획기적인 결과가 많이 나오고 있지만 무병장수가 어려운 것이 현실입니다.

미국 시사주간지 타임은 지금 태어나는 아이가 142세까지 살 수 있다고 보도하고 있습니다.

우리나라도 평균연령은 점점 늘어가고 어떻게 하면 건강하게 오래 살 수 있을까에 대한 욕심을 갖지만 그 보완대책을 찾지 못하는 현실에서 대안의학으로 '글리코 영양'을 알게 된 것은 행운이자 가슴 뛰는 일입니다.

그런데 습관적이고 일상적으로 보고 배우고 익히지 않은 진실을 외면하고 부정하며 불안해 하며 살아가는 현실이 안타깝습니다.

저는 국가경제의 일익을 담당하겠다는 소박한 생각으로 은행을 입사하여 승승장구하며 수년 동안 지점장을 지내다 은행을 퇴직하였습니다.

1998년 IMF로 온 나라가 절망에 빠졌을 때 은행 구조조정과 국난극복이라는 주제로 세간의 화제를 불러온 "눈물의 비디오"의 다큐멘터리 영상을 직접 제작하여 온 국민의 심금을 울린 장본인이기도 합니다.

또한 지난 25년 동안 마라톤을 줄기차게 해오며 "건강과 영양"에 대해 남다른 열정으로 건강 강의를 하며 미국 보스톤마라톤대회, 인도 뭄바이마라톤대회, 하와이 호놀룰루마라톤대회 등 국내 외 수많은 마라톤대회에 참가해 왔습니다.

국민영화로 사랑을 받은 "말아톤" 영화의 원작인 "My Way" 다큐멘터리를 직접 제작하기도 했습니다.

1936년 베를린올림픽대회 금메달리스트인 고 손기정 옹께서 제게 주신 "인생은 마라톤이야!" 라는 말씀이 씨앗이 되어 마라톤을 남달리 사랑하게 된 마라톤 매니아이기도 합니다.

어느 날 우연한 기회에 절친한 친구로부터 글리코 영양소를 전해 듣고 고정관념과 학습 프레임에 큰 충격을 받았습니다.

글리코의 위대한 가치와 놀랍고 기적과도 같은 것에 놀란 것입니다.

심각한 질고를 이겨내시고 심혈을 기울여 집필하신 염소망 목사님의 글을 통해서 세상을 창조하신 하나님의 위대함에도 불구하고 질고로부터 고통 받고 있는 수많은 사람들의 건강한 삶의 질을 높이고 질

병 정상화에 큰 대안이 될 수 있는 축복의 통로가 되길 간절히 소망합
니다.

민병대 (前)Standard Chartered Bank 지점장

머리말

　지난해, (나는 왜 글리코 전도사가 되었나?)라는 제목의 글을 썼습니다. 주린 배를 채우듯 갈구하는 불타는 심정으로 썼습니다. 내 삶에 두 번씩이나 생사의 고비를 넘어야했던 병력이 있었기 때문입니다.

　그러나 안타깝게도 출판 직전에 현행 의료법상의 한계 때문에 뜻을 접어야만 했습니다. 그러나 글리코 영양소의 위대한 가치는 도무지 포기될 수 없는 그 무엇이 있었습니다. 글리코 영양소에 숨겨진 생명 현상의 비밀이 내게 알려진 이상 그것은 더 이상 남의 일이 아닌 우리 모두의 일이었기 때문입니다.

　말하자면 나의 남은 생애에 하지 않으면 안 될 하늘이 내려주신 그 어떤 사명감이 짓밟히는 것만 같아 잠을 이룰 수가 없었던 것입니다. 몇날 며칠이고 고민하던 끝에 글리코 영양소에 관한 위의 주제를 수필 형식으로 다시 쓰기로 결심했습니다.

참으로 다행스럽고 감사한 것은 모아북스 이용길 사장님을 만나게 되어 출판이 가능해진 것입니다. 또한 서문과 추천사를 써주시고 격려해주신 민병대 지점장님과 강용희 대표님, 김명수 장로님께 이 자리를 빌어 감사의 인사를 올립니다. 아무쪼록 이 책이 각종 질병으로부터 고통 받는 환우 분들과 건강하게 살아가시는 모든 분들께 미력이나마 힘과 도움이 되기를 진심으로 기도 드립니다. 감사합니다.

염소망 목사

차례

제2장 나를 살려주신 신유(神癒)의 은혜 91

제3장 글리코 영양소로 건강을
되찾은 사람들   159

제4장 글리코 영양소에 대한 궁금한 점 물어보세요 165

제1장

살아 있다는 게 중요하다

1

다시 쓰는
글리코
영양소 이야기

나는 2001년도에 정체불명의 바이러스가 뇌에 침투하여 세브란스 병원에서 99.9% 사망이라는 판정을 받고 수술도 못한 채 죽음을 기다려야 했다. 그리고 심장협심증으로 1999년부터 2013년 까지 3번의 심장수술을 해야만 했다. 뿐만 아니라 두통, 치질, 요로결석으로 오랫동안 고통 받았다. 하지만 기적적인 은혜로 건강을 회복해서 이를 특별히 증언하는《사명이 있는 자는 죽지 않는다》(원제: 병든 내 몸을 만져주신 신유의 손길)를 썼다.

다행히 신유(神癒)의 은혜로 이렇게 정상인으로 살아가고 있지만 내 주변에서 병으로 고통당하다가 세상을 등지는 수많은 사람들을 볼 때마다 나의 머릿속은 '인간은 어떻게 하면 질병의 고통에서 자유로울 수 있을까?' 하는 생각으로 가득 차 있다.

내가 체험한 신유(神癒)의 은혜는 하나님의 절대 주권인 하나님의 마음 가운데 있는 것이기 때문에 보편적이지 않고 너무도 특별한 믿음의 세계에 제한된다는 아쉬움이 있다. 물론 하나님이 제한되는 것은 아니다. 어디까지나 불완전하고 허물지고 죄악된 사람이 제한된다는 데 큰 문제가 있다. 바로 그 때문에 병들어 고통받고 절망하는 사람들을 볼 때마다 안타까운 마음을 금할 수 없다.

그래서 모든 인류에게 보편적으로 고쳐질 수 있는 획기적인 방법은 없을까 하고 기도하던 가운데 나는 하나님의 계획하심 과도 같이 글리코 영양소를 우연찮게 만나게 되었다.

"창조주 하나님은 사람이 건강을 유지하고 질병에서 회복시키기 위해 필요한 것들을 자연 속에 남겨두었다. 그러므로 과학의 도전은 바로 그것을 찾아내는 것이다"라고 파라셀수스는 말한 바 있는데 놀랍게도 최첨단 생명 공학 기술로 만들어진 글리코 영양소는 인류의 건강증신에 기여 하고 있다.

글리코 영양소의 핵심물질은 '신들이 먹는 음식' 이라는 뜻의 앰브로시아' (Ambrosia)에서 파생된 것인데 신들이 먹는 음식이라면 뭔가 특별한 것이 아닐까 싶다. 아무튼 나는 글리코 영양소를 먹고 변화를 경험한 수많은 간증자들을 직접 만날 수 있었다. 하나님이 성령님의 역사로 직접 고쳐주셨던, 내가 체험한 신유의 은혜에서나 볼 수 있었던 기적과도 같은 사례를 확인한 것이 이 책을 쓰게 된 직접적인 계기가 되었다.

각종 질병으로 죽을 수밖에 없는 사람들을 건강하고 자유로운 삶으로 변화시켜 주는 글리코 영양소에 충격을 받았고, 나의 남은 인생이 해야 할 일을 새롭게 찾게 되었다. 글리코 영양소를 통해 많은 도움을 받은 사람들 가운데는 더 많은 사람들에게 글리코 영양소를 알리기 위해 글리코 전도사가 되기도 하는데, 이를 목격하는 일은 즐거움 그 이상이다. 나는 어느 날, 젊고 유능한 두 사람으로부터 명함을 건네받았는데, 특이한 그들의 이력이 눈길을 끌었다.

【글리코 약사 구○○ : 서울대 화학생물공학부 졸업,

영국 00에서 근무, 강원대학교 약학과 졸업,

(현) 강남구 약사회 회원. 유튜브에서 글리코 영양소를 검색하면 됩니다】

【박○○ : 서울대 약대 수석 입학, 전액 장학생 졸업, 수학학원 원장……】

이분들은 자신의 본업보다도 글리코 영양소의 위대한 가치를 세상

땅 끝까지 전파하는 일에 더 중요한 우선순위를 두고 일하고 있고, 틈만 나면 글리코 영양소를 배우는 일에 열심이다. 이런 분들은 글리코 영양소의 위대한 가치를 보증이라도 서주는 것 같아 나는 무언의 힘과 격려를 저절로 받게 된다. 그래서 나는 글리코 영양소에 하나님의 섭리와 뜻이 있다는 것을 깨닫고 벅차오르는 감격과 감동으로 이 책을 썼다.

우주만물 가운데 은혜로 주신 글리코 영양소는 하나님 신앙을 초월하여 자연이 주는 보편적인 혜택이기 때문에 글리코 영양소에 대해 많이 알려지고, 신유의 은혜 못지않은 도움을 받을 수 있기 때문에 이 기쁘고 복된 소식이 널리 알려지길 기원한다. 나는 이것이 21세기 최고의 발견이요 비전이라 해도 과언이 아니라고 생각한다. 이런 이유로 《글리코 영양소로 내 몸은 다시 태어났습니다》라는 책을 쓰게 되었다.

2

세상에서
가장 비싼 침대는
병석(病席)이다

21세기 문명의 흐름을 바꾸어 놓았던 애플 최고 경영자 스티브 잡스는 1955년 나와 동년배인데, 그는 애석하게도 지금 이 세상에 없다. 그가 췌장암에 걸려 투병생활을 할 때 나 역시도 심장병으로 힘든 투병생활을 하고 있었다. 그러던 어느 날 그가 스탠포드 대학교에서 행한 유명한 강연 '늘 갈망하고 우직하게 나아가라!(Stay Hungry, Stay Foolish!)'를 읽고 감명을 받아 2011년 8월 9일, 글을 한편 썼던 기억이 지금까지도 새롭다.

그런데 두 달도 채 안된 2011년 10월 5일, 향년 56세를 일기로 그가 세상을 떠났을 때 '오늘 이 순간은 어제 숨진 이가 그토록 얻고 싶었

던 바로 그날' 이라는 경구와도 같은 말을 수없이 중얼거리고 되새겨

보았다. 삶과 죽음 그리고 영원히 가치 있는 일은 도대체 무엇인가?

　오호통재라! 이렇게 안타까운 일이 있을 수 있는가. 금세기의 천재

스티브 잡스는 죽기 전 병상에서 지나온 자신의 과거를 회상하면서

마지막으로 다음과 같은 메시지를 남겼다고 한다.

"나는 사업에서 성공의 최정점에 도달했었다.

다른 사람들 눈에는 내 삶이 성공의 전형으로 보일 것이다.

그러나 나는 일을 떠나서는 기쁨이라고 거의 느끼지 못한다.

결과적으로, 부(富)라는 것이 내게는 그저 익숙한 삶의 일부일 뿐이다.

지금 이 순간에, 병석에 누워 나의 지난 삶을 회상해보면, 내가 그토록 자랑스럽

게 여겼던 주위의 갈채와 막대한 부는 임박한 죽음 앞에서 그 빛을 잃었고 그 의

미도 다 상실했다.

어두운 방안에서 생명 보조 장치에서 나오는 푸른빛을 물끄러미 바라보며 낮게

웅웅거리는 그 기계 소리를 듣고 있노라면, 죽음의 사자의 숨길이 점점 가까이

다가오는 것을 느낀다.

이제야 깨닫는 것은 평생 배 굶지 않을 정도의 부만 축적되면 더 이상 돈 버는

일과 상관없는 다른 일에 관심을 가져야 한다는 사실이다.

그건 돈 버는 일보다는 더 중요한 뭔가가 되어야 한다.

그건 인간관계가 될 수도 있고, 예술일 수도 있으며 어린 시절부터 가졌던 꿈일 수도 있다.

쉬지 않고 돈 버는 일에만 몰두하다 보면 결과적으로 비뚤어진 인간이 될 수밖에 없다. 바로 나같이 말이다.

부에 의해 조성된 환상과는 달리, 하나님은 우리가 사랑을 느낄 수 있도록 감성이란 것을 모두의 마음속에 넣어 주셨다.

평생에 내가 벌어들인 재산은 가져갈 도리가 없다.

내가 가져갈 수 있는 것이 있다면 오직 사랑으로 점철된 추억 뿐 이다.

그것이 진정한 부이며 그것은 우리를 따라오고, 동행하며, 우리가 나아갈 힘과 빛을 가져다 줄 것이다.

사랑은 수천 마일 떨어져 있더라도 전할 수 있다. 삶에는 한계가 없다.

가고 싶은 곳이 있으면 가라. 오르고 싶은 높은 곳이 있으면 올라가 보라. 모든 것은 우리가 마음먹기에 달렸고, 우리의 결단 속에 있다.

어떤 것이 세상에서 가장 비싼 침대일까? 그건 "병석(病席)" 이다.

우리는 운전수를 고용하여 우리 차를 운전하게 할 수도 있고, 직원을 고용하여 우릴 위해 돈을 벌게 할 수도 있지만, 고용을 하더라도 다른 사람에게 병을 대신 앓도록 시킬 수는 없다.

물질은 잃어버리더라도 되찾을 수 있지만 절대 되찾을 수 없는 게 하나 있으니 바로 "삶"이다.

누구라도 수술실에 들어갈 즈음이면 진작 읽지 못해 후회하는 책 한 권이 있는 데, 이름 하여 "건강한 삶 지침서"이다.

현재 당신이 인생의 어느 시점에 이르렀든지 상관없이 때가 되면 누구나 인생이란 무대의 막이 내리는 날을 맞게 되어 있다.

가족을 위한 사랑과 부부간의 사랑 그리고 이웃을 향한 사랑을 귀히 여겨라.

자신을 잘 돌보기 바란다. 이웃을 사랑하라."

나는 이 유언과도 같은 그의 글을 읽으면서 한순간 마음이 먹먹해졌다. 특별히 '어떤 것이 세상에서 가장 비싼 침대일까? 그건 "병석(病席)"이다.'라는 그의 고백은 죽음을 경험했던 나의 특이한 병상 체험과 너무도 동일한 것이었기에 저절로 탄식하게 되었다.

만일 나 자신을 포함하여 스티브 잡스가 글리코 영양소를 보다 일찍 알고 평소에 비타민 먹듯이 조금씩이라도 먹어두었더라면 아마도 세상에서 가장 비싼 병석이라는 가슴 시린 얘기는 하지 않았을지도 모른다.

오늘 날 미국 국민 3명 가운데 1명이 암으로 죽는다는 공식 통계가 있다. 참으로 무서운 시대를 우리는 살아가고 있다. 면역력이 약해질 대로 약해진 현대인들은 너나 할 것 없이 누구나 질병, 특히 무서운 암에 노출되어 있다. 이는 바로 나와 가족의 문제라는 것을 뜻한다.

생명의 달콤한 언어 글리코 영양소는 인류의 건강을 책임질 만큼의 독보적인 가치가 있다고 믿는다. 만일 우리 가족이 글리코 영양소를 꾸준히 소량이라도 비타민 먹듯이 먹는다면 여러 질병을 사전에 예방할 수 있기 때문에 그 가치와 효능성은 크다. 뿐만 아니라 지금 병에 걸려 고통받는 사람일지라도 그것이 현대의학에서 말하는 각종 암을 비롯한 불치병, 난치병, 희귀병 그 어떤 것이든 글리코 영양소가 희망을 줄 수 있다고 생각한다. 그러나 사람들은 글리코 영양소를 모르는 경우가 많다.

만약 이 순간 질병을 가지고 있다면 글리코 영양소를 섭취해 보길 권한다.

글리코 영양소의
비밀은
무엇인가?

글리코(Glyco)라는 말은 그리스어로 달콤한 '당분'을 뜻하며 당(唐)에는 좋은 당류와 나쁜 당류가 있다. 정제된 설탕은 그 언제나 질병과 연관이 있다. 그러나 과일이나 채소에서 찾을 수 있는 정제되지 않은 설탕은 '복합탄수화물'이라고 부르는데, 이것이 바로 글리코 영양소이다.

얼마 전까지만 해도 곡식을 통해서 얻어지는 탄수화물은 복합 탄수화물 다시 말하면 '글리코 8당' 가운데 하나인 '글루코즈'로만 인식했었다. 글루코즈는 우리 몸속에서 소화되어 단순히 에너지가 된다고만 알고 있었다.

그러나 1980년대 들어서서 전자현미경과 성분 분석기가 발명되었는데 이는 가히 생명공학 연구에 획기적인 분수령이 되었고 의학계의 혁명을 가져왔다. 과학의 발달로 인하여 탄수화물 중에 약 200종류의 단당류를 찾아냈고, 그중에 8가지의 특수 생물학적 기능을 가진 당들은 우리 몸의 모든 세포의 정상 기능에 반드시 필요하다는 사실을 규명하게 되었다.

최첨단 생명공학 기술이 밝혀낸 8가지 단당은 글루코즈, 갈락토즈, 만노즈, 퓨코즈, 자일로즈, N-아세틸뉴라민산, N-아세틸갈락토사민, N-아세틸글루코사민을 일컫는다. 뿐만 아니라 전자현미경의 등장은 예전에 미처 알 수 없었던 인체 구조를 더욱 확실하게 알 수 있게 되었고, 질병의 세계를 보다 명확하게 알게 되었다.

알다시피 인체는 크게 각 기관과 부위로 나뉘고 이는 곧 조직으로 또다시 조직은 각 세포로 구성되어 있다. 그리고 우리 몸은 60~100조 개의 세포로 구성되어 있다. 피부, 살, 뼈, 혈액, 머리카락 그 어느 것 하나 세포 아닌 것이 없다.

전자현미경은 세포 하나를 40만 배로 확대해서 볼 수 있게 만들었다. 좀 더 알기 쉽게 말해서 동전 하나를 지구만한 크기로 확대해서 보았던 것이다. 인체의 구조는 상상을 초월할 정도로 신비스럽게 설계되어 있다는 쉽게 확인할 수 있다.

세포 하나만 봐도 그렇다. 각 세포의 세계는 밤송이를 모아둔 것같이 보이는데 각 세포의 표면에는 돌기물들이 머리털처럼 솟아 있는데 이것은 세포 교신을 위한 단백질 안테나(당사슬=글리칸=섬모=세포털)라는 것을 밝혀냈다. 이 당사슬에 8당(글리코)으로 형성된 당 합성체가 부착된다. 그 세포들 사이에 있는 틈을 이용하여 면역 세포들이 순찰 경찰처럼 내왕하며 각 세포들의 건강 상태를 점검하고 있다.

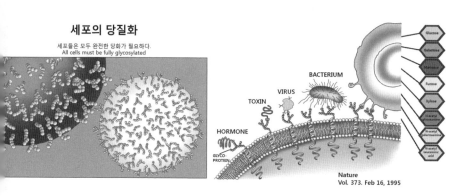

세포의 당질화

세포들은 모두 완전한 당화가 필요하다.
All cells must be fully glycosylated

TOXIN
VIRUS
BACTERIUM
HORMONE
GLYCO-PROTEIN

Glucose
Galactose
Mannose
Fucose
Xylose
N-acetyl glucosamine
N-acetyl galactosamine
N-acetyl neuraminic acid

Nature
Vol. 373. Feb 16, 1995

매우 건강한 사람은 각각의 세포마다 10만 여개의 세포털(섬모= 글리칸)이 있지만 보통 사람은 3~4만개, 암을 비롯한 중증환자들에게는 고작 1만개 미만의 당사슬이 있다는 것을 알게 되었다. 바로 그 때문에 암 세포는 세포 교신을 위한 아무런 기구를 가지지 못한 상태로 있으며 세포 사회에서 완전히 고립된 존재로 남는다. 말하자면 당사슬의 숫자와 질병과는 직접적인 연관이 있다는 사실을 규명한 것이다.

「糖鎖って、1個の細胞にいくつぐらいあるんだろう?」
「およそ10万っていわれてる。でも今の人は昔の人より少なく
なって3~4万本になっちゃったんだって」

「당 사슬은 1개의 세포에 몇 개 정도가 있는 것일까?」 「약 10만개라고 한다. 그렇지만 현재의 사람들은 옛날 사람들보다 적어서 3~4만개가 된다고 한다.」

당사슬을 구성하는 8당은 비밀 암호 코드로 세포와 세포 간에 서로를 인지하고 대화 통신을 한다는 사실과 각종 세균, 바이러스, 박테리아, 독소를 방어하고 차단하는 기능을 하고 있을 뿐만 아니라 각종 면역과 호르몬 대사에도 깊이 관여하고 있음을 알게 되었다. 말하자면이 8당 가운데 어느 것 하나라도 결여되어 있으면 각종 질병에 즉각노출된다는 사실을 밝혀낸 것이다.

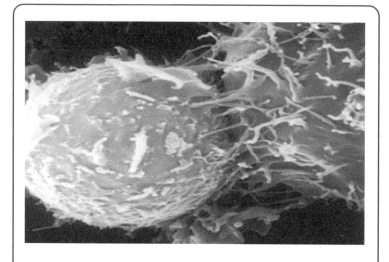

안테나가 없는 세포가 암으로

섬모가 없어진 세포는 쉽게 암세포로 변한다. 세포 표면에 있는 섬모는 곤충의 더듬이처럼 주변 환경으로부터 오는 신호를 받아들이는 역할을 한다. 미국 폭스체이스 암센터 연구팀은 섬모를 없애는 단백질을 분리하고, 이 단백질이 과도하게 발현된 세포는 쉽게 암세포로 변한다는 사실을 밝혀 생물학 저널 '셀' 6월 29일자에 발표했다. 연구팀은 섬모가 없어질 때 PDK 외에 암이 발생할 수 있다는 사실을 알아냈다. 또 연구팀은 HEF1, Aurora A라는 단백질이 HDAC6이라는 단백질을 활성화시키며, 활성화된 HDAC6은 세포의 섬모를 없앤다는 메커니즘을 밝혔다. 연구를 이끈 에리카 골레미스 박사는 "섬모가 없어진 세포는 주변 세포와 신호 교환을 하지 못해 쉽게 암세포로 변한다"고 말했다.

출처 (2007년 7월 23일 동아사이언스 기사)

참으로 다행스러운 것은 최첨단 생명공학 기술은 6,000여 가지 각종 천연 식물에 존재하는 글리코 영영소를 분리 추출하는데 성공했다는 사실이다. 말하자면 세포 끝단의 당사슬을 구성하고 있는 8당과 천연 식물에서 추출하여 얻어진 글리코 영양소는 똑같은 분자 구조의 단당류라는 사실을 규명해 냈던 것이다. 이 학문적 업적은 질병 퇴치와 직접적인 관계가 있기 때문에 그 가치는 어마어마한 것이다. 오늘 날 우리가 먹고 있는 글리코 영양소 제품은 바로 이러한 생명공학 기술이라는 복잡한 과정을 통하여 정제화 되고 안정화 된 분말을 만드는 데 성공한 것이다.

《의사가 의사에게 말한다》를 쓴 저명한 의사 '레이번 고엔' 박사는 다음과 같이 말하고 있다.

"그러나 안타깝게도 이 8가지 중 6가지는 전 세계적으로 우리의 일상 음식에는 결핍되어 있다는 사실이다. 왜냐하면 토양에 영양분이 점점 없어져 척박한 땅으로 변하고, 과일이나 채소를 충분히 성숙되기 전에 따고, 너무 가공하고, 식품 첨가물이나 방부제 등을 넣고, 또한 너무 조리를 해서 양분들이 파괴되었기 때문이다. 다행히 우리 몸은 곡물을 먹고 소화해서 얻어지는 글루코즈와 유제품에서 얻어지는 갈락토즈, 이 두 당분을 가지고 다른 6개의 당분을 만들 수 있는 기능을 갖고 있다.

그런데 문제는 우리 몸 안에서 완전한 조건이 갖추어질 때, 이 6개의 필요한 당분을 우리 몸 안에서도 만들 수 있다는 것이다. 그런데 분명한 것은 우리 몸이 이 모든 6개의 당분을 추가로 만들 수 있도록 완벽하지 못해서… 그 결과 6개의 당분을 만들지 못해 우리 몸은 이 6개의 당분이 부족하다는 것이다.

첫째, 우리는 건강상의 문제들을 가지고 있고, 환경에서 오는 심한 오염, 오염이 주는 독성물질은 공기, 물, 음식을 통해서 우리 몸에 들어오고, 그리고 수많은 병균의 침입, 현대생활에서 오는 치명적인 스트레스, 필요한 효소의 결핍, 비타민과 미세 영양소인 미네랄의 결핍, 보조요인, 활성산소의 공격, 파괴, 혹은 유전적 결함 등등… 그리고 이 6가지 단당류를 몸 안에서 만들려면, 15가지 혹은 그 이상의 복잡한 단계를 거쳐야 하고, 하나의 당분을 다른 필수당분으로 전환시키는 데는 막대한 에너지가 필요한데, 그것을 우리 몸이 모두 감당할 수 없는 것이 오늘의 건강상태다.

최근에 과학이 발견해 낸 것은, 이 모든 필수당분들 중에서 가장 중요한 것은 어느 하나가 빠져 있는 것이다. 그리고 그 '필수'라는 뜻은 우리 몸에는 반드시 그것이 있어야 하는데 우리 몸 자체에서는 그 하나를 만들지 못하고, 그래서 그 당분이 없으면 세포가 기능을 제대로 못해 사람이 병이 생기는 것이다. 이러한 때에 가장 유효적절하게도 질병 치료에 영양적 접근으로 글리코 영양소를 꼽을 수 있다.

몇 년이 지나서 8개의 필수 단당류들이 규명되고, 그 후 이 잊어버린 단당류를 함유하고 있는 식물공급원을 찾기 위해 온 지구를 다 찾아다녔다. 마침내 이 8개의 필수당분이 들어있는 식물들을 찾아내어, 이 식물에서 8개의 필수당분을 분리하고 추출해서, 정화시켜 분말로 만들어 천연치유영양소를 만들게 되었다. 이렇게 해서 의약학적으로도 높은 수준의 항산화제인 천연의 식품농축물이 만들어졌다. 그것이 바로 글리코 영양소다. 이는 지난 100년 의학 역사 중 가장 기념비적인 발견이다."

위와 같은 고엔 박사의 말은 글리코 영양소가 왜 위대한 가치를 지니는가를 이해할 수 있는 대목이다. 사실 나는 글리코 영양소를 처음 접했을 때 도무지 이해가 되지 않았다. 글리코 영양소가 어떻게 이렇게 다양한 질병에 도움을 줄 수 있단 말인가? 그러나 이제는 모든 의혹이 말끔히 해소되었다. 다음 장에서는 모든 의혹이 말끔히 해소된 이유에 대해서 다룰 것이다.

4

글리코 영양소는
우리 몸에
어떤 기능을 하는가?

우리 인체를 구성하고 있는 기초 단위는 세포다. 60조에서 100조에 이르는 무수히 많은 각각의 세포 끝단에는 무수히 많은 세포털이 돋아나 있는데 이들의 역할이 얼마나 잘 되고 있느냐 여부에 따라서 건강 여부가 판가름 난다는 사실은 근래에 들어서 밝혀진 의학적 진실이다.

생명공학자들은 세포털 곧 당사슬이 매일 당면한 현실 문제들에 대하여 서로 긴밀하게 대화 한다는 사실을 발견하여 노벨 생리 의학상을 무려 7개나 받았다. 이때 각 세포들은 자신의 메시지를, 특히 면역세포와 나눌 교신 내용을 8당으로 표기한다. 8당은 마치 우리에게 문법이 있듯이, 세포 특유의 비밀암호에 따라 나뭇가지 모형으로 나열하여 세포 의사를 표시한다. 이러한 당 문자의 결성 과정에서 한 개의 당만 결여되어도 의사 전달에 막대한 지장이 발생된다.

예를 들어 큰 대(大)의 오른쪽 위에 점 하나 찍으면 그 문자는 개 견(犬)으로 돌변한다. 이와 같이 세포 교신에서도 똑같은 일이 발생할 수 있다. 한 개의 당이 당 합성체에 더 붙느냐 덜 붙느냐에 따라서 세포는 완전히 다른 뜻의 메시지를 전달할 수 있는 것이다.

경향신문 2014. 5. 13   YTN 2014. 5. 13

예를 들면 "날 좀 도와주시겠어요? 영양 공급이 시급해요.", "병균을 막아주세요.", "세포 교신에 문제가 발생했어요." 같은 메시지 말이다. 암이 발생한 세포를 발견한 면역 세포는 바로 면역 본부에 연락을 한다. 눈 깜박 하는 사이에 그 세포는 백혈구 대군에 의하여 제거된다. 그러므로 세포가 건강하고 면역 세포와의 교신 상태가 완전 하다면 암 같은 병이란 결코 발생할 수 없다는 결론을 얻는다.

이러한 세포 교신은 세포와 세포 사이에만 국한된 것이 아니라 세포와 박테리아, 바이러스, 독소, 호르몬 사이에서도 일어난다. 예를 들면 박테리아가 세포에 접근하고 교신을 하는 주요 목적은 세포 내부로 침공하여 그 세포를 파괴하려는 데에 있다. 이러한 경우에 세포들이 8당으로 충분히 대비되어 있다면 박테리아의 접촉은 순식간에 감지되고, 세포 내부 침공은 결코 허락되지 않을 것이다.

그러나 문제는 불완전한 세포 교신에서 시작된다. 적군 박테리아를 우군 가족으로 오인했을 때에 세포막의 문이 열린다면 그 결과는 어떻게 되겠는가? 박테리아는 재빨리 그 안으로 침입하고 거기서 급속도로 번식하며 정상 세포를 파괴시킨다. 또한 어떤 박테리아는 유전자에 치명적인 고장을 일으킨다. 그리하여 생체 조직들은 병든 세포들에 의하여 점진적으로 파괴되고 썩는다.

의사는 이것을 의학적인 현상으로 염증이 발생했다고 설명한다.

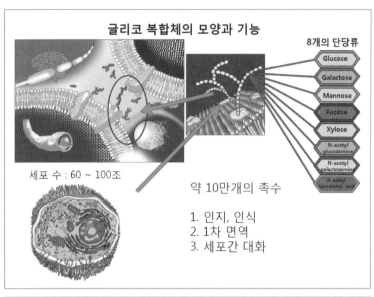

글리코 복합체의 모양과 기능

8개의 단당류

Glucose
Galactose
Mannose
Fucose
Xylose
N-acetyl glucosamine
N-acetyl galactosamine
N-acetyl neuraminic acid

세포 수 : 60 ~ 100조

약 10만개의 촉수

1. 인지, 인식
2. 1차 면역
3. 세포간 대화

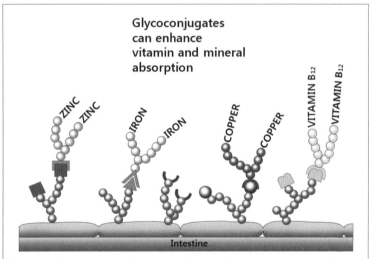

Glycoconjugates can enhance vitamin and mineral absorption

ZINC ZINC IRON IRON COPPER COPPER VITAMIN B₁₂ VITAMIN B₁₂

Intestine

세포들은 비밀 암호 코드로 서로 교신을 하고 있다.

1990년대 들어서 이런 일을 하는 것이 바로 당 코드(sugar code)임을 규명해 냈다. 근년의 생리학, 의학 노벨상 수상자 7명중에 4명이 세포 교신 분야 연구로 수상했다.

제1장 살아 있다는 게 중요하다 ···· **45**

노벨상 - 신경세포/DNA 관여

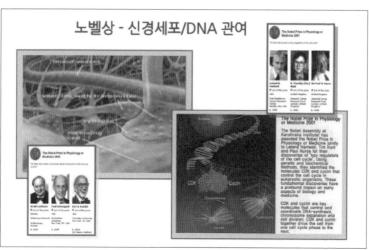

노벨상 - 세포간 대화

인지
면역
대화

아무튼 세포가 정상적으로 건강하다면, 손이 베였을 때 피부와 조직들은 자기가 알아서 상처 부위를 스스로 아물게 한다. 건강한 콩팥 세포들은 배설할 것과 배설하지 않을 분자들을 정확히 가려내 자기가 해야 할 일들을 자기 스스로 알아서 한다.

세포 상호간의 대화에 관한 연구와 이를 토대로 글리코 영양소가 만들어지기까지의 험난했던 과정은 다음과 같은 레이번 고엔 박사의 연구보고서에 잘 나타나 있다.

"우편 번호(Zip code)를 통해서 세포가 서로 의사소통을 한다는 것을 발견하고, 1999년 군테르 블로벨 박사가 의학부문의 노벨상을 수상했습니다. 그는 세포 표면에 있는 당단백질이 상호작용해서 실제로 보낼 특별한 화학적 메시지를 만들어 내는 것을 알지 못했습니다.

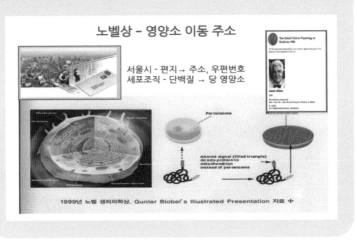

이 의사소통의 메커니즘이 드러나게 된 것은 10년도 안 됩니다. 이는 분광측정 기술과 고도로 선명한 핵자기공명(NMR) 분광기의 사용이 가능하게 되어서야 세포의 의사소통 메커니즘을 알게 되었습니다. 이것은 유일하게 영국 옥스퍼드 대학에서 최초로 이뤄졌습니다."

"의과대학 교과서인 〈하퍼의 생화학〉 책의 편집장인 로버트 머레이 박사 (Robert K. Murray)는 이 책의 56장부터 65장까지 집필하였는데, 그 내용은 당 단백질에 관한 것으로, 8가지 필수 단당류, 특별한 세포의 간질(matrix), 근육신 진대사, 면역시스템 등입니다.

"저는 지금 2000년에 출판된 제25판 교과서를 갖고 열심히 읽으며, 이 놀라운 생화학적 반응과, 새로 발견되어 생화학 분야에서 폭발적으로 연구가 이루어지 는 당분 과학, 당분 생물학, 그리고 당분학에 대해 감격하고 있습니다."

이상에서 살펴 본 바와 같이 예전에는 면역 체계와 질병들로 알려진 것들이 오늘에 이르러서는 면역 체계의 문제들, 이를 테면 면역 세포와의 교신 문제에서 기인한다는 사실들이 밝혀졌다.

이러한 면역 체계의 문제들과 다른 요인들이 겹쳐서 많은 질병들이 유발된다. 감기, 독감, 감염, 잇몸의 질병, 심장병, 위궤양, 각종 암, 상처회복의 더딤, 소화 문제, 에이즈, 다발성 경화증 등 우리 몸은 실로 전쟁터를 방불케 한다.

우리가 건강하게 지낼 수 있는 이유는 면역 세포라는 훌륭한 방어군이 있기 때문이다. 면역 세포는 한 가지 특정세포가 있는 것이 아니다. 여러 종류의 세포가 각자의 전문역할을 맡고 있으며 서로 협동해 몸을 지킨다.

이들은 온 몸을 돌아다니면서 순찰을 할 뿐더러 몸속에 침투한 세균과 바이러스, 그리고 비정상적인 이상세포와 전투를 벌인다. 적군을 발견하면 수류탄을 던지듯 화학물질을 분비해 제거한다. 이때 만일 침입 병원체들의 세력이 너무 커서 역부족이면 즉시 다른 화학 물질로 경종을 울리고, 면역 체계의 다른 부대들, 즉 B 및 T 림프구의 원군을 요청한다.

그러나 안타깝게도 오늘날에 와서는 환경오염, 토양의 황폐화, 화학물질의 남용, 상용 식품, 자연식품의 품질 하락, 스트레스, 영양실조 등으로 인하여 면역 세포의 기능이 해마다 감소하기 시작했고, 그 결과 이런 기능들은 상실되고 말았다. 이것이 해를 거듭할수록 희귀한 난치병들이 증가하는 이유다.

면역세포들이 때로는 건강한 조직을 적으로 오인하고 공격을 가할 때가 있다. 이것을 자가 면역질환이라고 한다. 자가 면역질환은 면역 시스템이 고장이 나서 우리 몸의 면역시스템이 자기 몸을 공격하게 되어 발생하는 것이다.

예를 들면 면역세포가 췌장세포를 공격하면 당뇨병에 걸리고, 결합 조직을 공격하면 통풍, 류마티스성 관절염, 결핵이 생기고, 신경 세포를 공격하면 다발성경화증이, 소화관을 공격하면 크론병이, 오진을 하면 알레르기, 천식, 습진, 두드러기가 그리고 세포를 인식하지 못할 때는 감염, 독감, 피로가, 또 당 단백질 안테나가 고장 나면 대장염, 복강염, 점막 재생 불능이 생긴다.

이럴 때 우리 몸에 당분영양제 글리코 영양소를 공급하면 우리 몸은 면역 시스템을 조절하게 된다. 즉 본래의 정상적인 상태로 회복을 시키는 것인데 면역기능이 약한 상태면 그 기능을 강화시켜 정상 범주로 회복시킨다.

감기와 독감, B형 · C형 간염과 암처럼 면역기능이 약해졌을 때 주로 생기는 질병들이다. 반대로 면역 기능이 지나치게 활동적인 경우 정상적 범주에 오도록 기능을 낮춘다. 다양한 알레르기나 두드러기,

천식이나 비염 등이 면역기능이 지나치게 활발한 경우 생기는 질병들이다.

또한 세포 간에 의사전달이 잘못되어서 우리 몸을 지키는 군대나 경찰 역할을 하는 면역기능이 건강한 조직을 오인하여 공격하는 경우 역시 줄어든다.

이러한 질병들을 자가 면역 질환(auto-immune disorders)이라고 부르는 데 대표적인 것이 다발성 경화증과 제1형 · 제2형 당뇨병, 관절염 등이다.

위와 같은 질병들은 면역기능에 이상이 생겨 발생되는 질병으로 의학적으로 기능부전 혹은 기능 장애 라고 한다. 얼마 전까지만 해도 이러한 증상들이 면역기능 때문이라는 것은 알고 있지만 그것을 조절하는 것은 불가능하다고 생각했다.

하지만 이제는 글리코 영양소로 가능하게 되었다. 그래서 이것을 발견하고 연구해 인류의 불치병 치료에 빛을 비춰주는 생명공학자들에게 노벨상을 주고, 세계 의학계가 주목하게 되고, 수많은 첨단 과학자들이 연구해서 논문을 수만 편씩이나 발표하기에 이르렀다.

글리코 영양소는 두뇌기능을 극대화하고, 심장을 젊게 해주며, 노화를 방지하고, 면역시스템을 강하게 조절시켜 주며, 세포의 돌연변이를 막고, 항암작용을 한다.

이것은 우리 몸의 세포를 하루에도 1만 번 이상 공격하는 활성산소를 무력화 시켜주기 때문이다.

내추럴 킬러(NK)세포는 암이나 질병 감염, 병균이 침투할 때 최전방에서 방어하는 데 필요한 군대의 역할을 하는 세포인데, 지난 20년 동안에 보통 사람들의 몸에서 그 숫자가 30%나 감소하여 미국에서만도 미국 인구의 거의 절반에 해당하는 1억 5천만 명의 사람들이 급성이나 만성질환에 걸려 고생하는 것은 결코 기이한 일이 아니다.

이 NK세포들의 숫자가 글리코 영양소를 섭취하는 사람들의 몸 안에서는 정상수치로 회복되기도 한다. 어떻게 회복하느냐? 나도 모른다. 그러나 우리 몸이 안다. 이런 면역체계를 우리 몸에 허락하신 하나님께 감사드린다.

오늘날 현대인들은 두 가지 당, 곧 글루코즈(glucose)와 갈락토즈(galactose)만을 과잉 섭취하는 경향이 있다. 그로 인해서 다른 6가지 당은 결핍되어 있기 때문에 면역 문제를 초래한다는 것이 과학적으로 규명되었다.

말하자면 모든 질병은 세포가 고장이 나고 병이 들어 생긴다는 것이다. 역으로 만일 이 세포들을 건강하게 만들어줄 수만 있다면 많은 병은 저절로 사라지게 되어 있다.

수많은 임상실험 결과 암환자에게 글리코 영양소를 투여하면 세포가 급격히 당사슬을 형성하고, 풍성해진 당사슬로 암세포를 인지 식별하여 공격하게 된다.

자가 면역질환은 어떤 의술이나 약품으로 고칠 수 있는 것이 아니다. 생물학적인 이유로 일어나는 증상이며 필수 탄수화물과 관련이 있다. 따라서 이 새로운 당 생물학을 알아야 면역학, 신경학, 불치의 질병을 본질적으로 다룰 수 있다.

따라서 연구자들은 글리코 생물학이 자가 면역질환을 해결해줄 수 있는 핵심적인 요소라는 믿음을 갖게 되었다. 과학계에서도 글리코 생물학을 앞으로의 의학을 주도할 수 있는 과학분야라고 꼽고 있다.

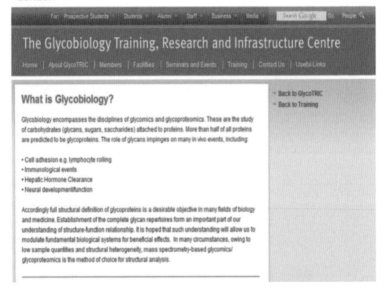

아마도 머지않아 국내 대학교에도 '글리코믹스'를 연구하는 당 생물학과가 개설될 것으로 예측한다. 글리코 생물학이란 신체기능에 필수적인 한 그룹의 당(糖, Saccharides), 이를테면 글리코 영양에 관한 과학적인 연구를 뜻한다.

뿐만 아니라 노벨상을 80여 명이나 배출한 MIT 공대는 글리코믹스 산업을 세계를 바꿀 '10대 신기술 중의 하나'라고 선언했으며 세계 과학 저널에 발표되었다.

미국의 사이언스(SCIENCE), 영국의 네이쳐(NATURE), MIT 테크놀로지 인사이더, 일본의 뉴턴(NEWTON), 미국 의학저널인 자마(JAMA) 그리고 미 의과대학에서 배우고 있는 하퍼의 생화학 교과서(1996년)에도 실림으로써 학술적, 과학적 인증을 받게 되었다.

국내외 저명 과학저널에 게재

글리코 영양소에 관한 연구는 1996~1998년 사이에 무려 20,000편 이상의 연구논문이 쏟아져 나왔고, 이 주제와 관련 하여 최근까지 노벨 생리 의학상 수상자가 7명이나 나왔다. 이런 경우는 유사 이래 전대미문의 업적이다.

백년 묵은
산삼보다 나은
글리코 영양소란?

신들이 먹는 음식 이라는 뜻의 '앰브로시아'에서 파생된 글리코의 핵심물질은 글리코 영양소의 70% 이상을 차지하고 있는데, 이를 중심으로 여러 가지 약학적 기능을 가진 글리코 제품들(nutraceuticals)을 구성하여 글리코 영양소라고 명명했는데 그러면 그 가치는 어느 정도일까?

나는 단언한다. 글리코 영양소의 가치는 '백년 묵은 산삼보다 낫다'고 말이다. 여기 백년 묵은 산삼이 있고 다른 한편에는 글리코 영양소가 있다고 하자. 지금 이 자리에서 둘 중에 어느 하나를 가지라고 할 때, 팔려는 목적으로 선택하라고 하면 당연히 산삼을 갖겠지만 지금 어느 것을 이 자리에서 먹을 것이냐를 선택하라면 나는 글리코 영양소를 선택하겠다고 대답하겠다.

그 이유는 간단하다. 산삼을 먹으면 여러 가지 몸에 좋은 것들이 있겠지만 그것으로 내 몸 안에 있는 근원적인 갖가지 질병을 고치지는 못할 것이다. 그러나 글리코 영양소는 내 몸에 들어가서 갖가지 병든 내 몸을 근원적으로 회복시켜줄 수 있다고 믿기 때문이다.

나는 아직까지 산삼을 먹고, 죽을 사람이 살아났다는 말을 들어본 적이 없다. 그러나 글리코 영양소를 먹고 죽을 수밖에 없는 사람이 회복된 경우를 너무도 많이 들었고 또 실제로 그런 간증자들을 많이 만나보았다. 그리고 한 걸음 더 나아가서 나 자신이 몸으로 직접 그 신비한 효능을 경험했다. 그래서 글리코 영양소의 위력은 한마디로 원자폭탄에 비유될 수 있다고 생각한다.

우리 몸 안에 들어간 글리코 영양소는 세포 끝단에 있는 병든 글리칸(세포털= 섬모)을 건강하게 만들기도 하고 때로는 없는 글리칸을 새롭게 만들어 내기도 한다. 뿐만 아니라 우리 몸이 필요하다면 줄기세포를 새롭게 생성해 내기도 한다.

그 결과 몸 전체의 면역력을 극대화시켜 몸 스스로가 저절로 치유되도록 만들어 준다. 서재걸 박사 말대로 우리 몸속에는 100명의 의사가 살고 있다는데 이 의사들이 최선을 다하여 열심히 일하도록 분위기를 만들어주기만 하면 어떤 병도 알아서 다 고쳐내는 일은 그리 어려운 일이 아닐 것이다. 우리 몸에 들어간 글리코 영양소는 바로 이 역할을 한다.

글리코 영양소는 우리 몸의 어느 한 부분을 고쳐주는 것이 아니라 몸 전체의 질병을 근원적으로 모든 세포 부위에 접근하여 몸의 기능을 정상화되고 개선되도록 도와준다. 글리코 영양소를 모르시는 분들은 이렇게 질문할 것이다. "아니 글리코 영양소를 먹고 모든 병이 나았졌다고? 어떻게 그럴 수가 있지? 거짓말이야...." 하지만 이유를 알고 보면 충분히 납득이 되고 생물학적으로도 증명이 된다. 그래서 글리코 영양소의 연구가 노벨 생리 의학상을 자그마치 7개나 받았고 MIT 공대는 '글리코믹스' 산업을 가리켜 21세기를 바꿀 10대 신기술의 하나로 꼽았다.

글리코 영양소를 먹고 현대의학도 포기한 불치병, 난치병, 희귀병들에 탁월한 개선효과를 본다면 이것은 분명 대체의학으로 자리매김 할 날도 멀지 않았다는 것을 말해주는 것이다. 향후 몇 년 이내에 비타민 계열 뿐만 아니라 대체의학의 중심에 글리코 영양소가 우뚝 설 것을 기대한다. 지금 글리코 영양소의 비밀은 서서히 공개되고 있으며 글리코 영양소를 섭취하는 이들이 점점 늘어나는 추세다.

병 때문에 고통 받는 환자들, 특히 갖가지 암 투병 환자들이나 당뇨, 고혈압, 비만, 심장병, 류마치스 관절염, 알레르기성 피부질환자들, 파킨슨병, 치매, 자폐증 등등……. 이러한 중증 환자들에게는 하나님께서 은혜의 선물로 내려주신 신비스러운 글리코 영양소를 통해 속히 건강을 회복하기를 바란다.

또한 건강한 분들도 평소에 비타민 먹듯이 소량이라도 꾸준히 먹을 수만 있다면 질병을 미리 예방해 주는 강력한 효과가 있을 것이다. 우리 몸에 면역력이 극대화되면 감기가 왔다가도 스스로 물러가고 암세포나 바이러스, 박테리아 같은 것들이 침입해도 초기에 박멸되기 때문이다.

그래서 나는 100년 묵은 산삼보다도 글리코 영양소를 선택하여 먹기를 주저하지 않는다. 허울 좋은 명목가치(名目價值) 보다는 실질가치(實質價值)를 선택할 줄 아는 지혜롭고 현명한 자들이 되시기를 바란다. 사후약방문은 안타깝고 어리석다. 평소 건강할 때 글리코 영양소를 꾸준히 먹는 것이야 말로 가장 지혜롭고 현명한 선택이 될 것이라 굳게 믿는다.

우리 이웃에 글리코 영양소의 비밀을 알려주자. 기회 닿는 대로 글리코영양소의 위대한 가치를 전파하고 병고에 고통받는 분들에게 희망을 선물하자.

6

글리코 영양소는
면역기능을
회복시킨다

대부분의 질병은 면역기능이 작동하지 못해서 발생한다. 면역의 세 가지 주요 기능은 공격과 방어, 그리고 조절이다. 미국 통계 자료에 의하면 미국인의 사망 원인 중 암이 2위를 차지하는데 하루에 1,400명 이상이 암으로 목숨을 빼앗긴다. 미국인 3명 중에 1명이 암으로 사망하는 것이다. 암 세포는 일종의 이상 세포로 다른 세포들과 달리 모양이 불규칙하고 거칠다. 또한 주변의 세포에게 공급되는 영양을 빼앗아 먹으며 빠른 속도로 증식하고 점점 새로운 곳으로 퍼지는 습성이 있다.

현대인의 나쁜 생활습관과 환경적 요인으로 인해 우리 몸에는 점점 많은 독이 쌓인다. 인체에는 일정량의 독을 배출하는 기능이 있지만 독을 배출하는 기관들이 감당할 수 없을 정도의 상태가 되면 이 독성 물질이 종양이나 암으로 자란다. 현재 밝혀낸 암의 종류는 100가지가 넘는다. 하지만 완전한 치유 방법이 없기 때문에 무엇보다 조기에 발견해 서둘러 항암치료를 시작하는 것을 강조한다.

미국 정부는 방사선 치료와 화학요법, 수술과 같은 공식적인 암 치료법이 지난 20년 동안 변하지 않았다고 발표 했다. 또 한 통계 자료에 따르면 피부암을 제외하고는 공식적인 치료를 받지 않은 경우가 병원에서 치료를 받은 경우보다 더 오래 산다고 한다.

눈부신 발전을 이룬 현대의학이 새로운 치료법을 내놓아 암을 정복하지 못하는 이유는 무엇일까?

또 오히려 의학적 처치를 받지 않은 경우가 생존율이 더 높았다는 사실은 현재의 암치료법에 한계가 있음을 시사한다. 현대 의학은 암의 원인인 암세포 제거에만 초점을 맞추고 있다. 암 세포가 증가하는 원인을 등한시 하는 것이 현대의학의 문제점 중 하나다. 암세포는 세균이나 바이러스처럼 외부에서 침투한 물질이 아니다. 원래 몸속에 존재 했던 정상세포가 영양의 불균형으로 인해 변형이 생겨 암세포가 만들어진다.

건강한 사람 역시 하루에 대략 3,000~5,000개의 암세포가 생겼다 사라진다. 몸속의 천연살상세포, T세포, B세포, 거식세포 등이 암세포를 감시하고 발견 즉시 공격해 암세포를 제거한다. 암세포뿐만 아니라 우리 몸에 해를 끼칠 수 있는 나쁜 세포들이 생겼을 때 제거하는 힘을 저항력 혹은 면역력이라 부른다. 면역력이 강하다면 암으로 발전 될 가능성이 현저히 낮아진다. 따라서 글리코 영양소를 먹는다면 몸 스스로가 암세포와 싸울 수 있는 저항력도 높아지고 애초에 암에 걸리지 않도록 예방하는 효과를 기대할 수 있다.

최근 과학자들은 세포 표면에 부착된 글리코 영양소가 병든 세포, 나쁜 세포를 인식하며, 인체 자체의 정상화를 돕는다는 것을 밝혀냈다. 만노즈, 글루코즈, 갈락토즈, 퓨코즈 등의 글리코 영양소는 항종양 특성을 갖고 있다.

8가지 단당류를 좀 더 살펴보면 다음과 같다.

1. 만노즈 : 세포 조직 생성과 복원에 절대적으로 필요한 당분 세포들 간 교신에도 사용된다. 암의 성장을 억제하고 전이를 막는다. 질병과 싸우는 '사이토카인' 이라는 물질을 활성화시켜 감염을 막는다. 자가 면역질환을 돕는 역할을 한다. 류마티스성 관절염과 당뇨병 환자에 효과가 있는 것으로 알려졌다.

2. 퓨코즈 : 모유와 특정 버섯에 풍부하며 뇌의 발달을 돕는다.
세포 간 교신에 사용한다.

3. 갈락토즈 : 유제품에 풍부하게 들어 있다.

각종 암의 전이를 방지하며 상처와 염증을 치료한다.

4. 글루코즈 : 포도당이라고 불리며 원기 회복에 도움이 된다.
지나치게 섭취하면 인슐린 과분비로 비만증과 성인 당뇨병이 생긴다.

5. 자일로즈 : 세포 간 교신에 사용되며 세균과 바이러스를 억제한다.
소화기 계통의 암을 억제한다.

6. N-아세틸갈락토사민 : 세포 간 교신, 암 억제, 심장병 환자에 좋다.

7. N-아세틸글루코사민 : 면역조절에 작용한다. 암 발생 억제, 관절의 연골조직을 생성, 통증과 염증 제거, 학습능력 증진, 크론씨 병, 궤양성장염, 방광질환에도 좋다.

8. N-아세틸뉴라믹산 : 신생아의 뇌 발육에 절대적으로 필요하다.
모유에 많다. 기억력과 뇌 기능 발휘에 필수적이며 바이러스퇴치와 혈액 응고와 콜레스테롤 수치를 조정한다.

출처: 내 몸을 살리는 글리코 영양소/이주영 법학박사

위의 표에서 보듯이 글리코당의 역할은 다양하다. 만노즈와 갈락토즈는 염증 반응을 조절해 상처를 치유한다. 대식세포는 세포 표면의 글리코당에 의해 죽은 세포를 구분한다. N-아세틸글루코사민은 관절염 통증을 줄이고 퓨코즈는 알레르기성 접촉성 피부염이 생기지 않도록 한다.

특히 면역력을 높이며 종양세포가 전이되거나 증식하는 것을 막는 역할을 하는 글리코 영양소가 주목 받는 이유는 암 퇴치와 큰 연관이 있기 때문이다.

글리코당이 암 치료에 도움이 되는 이유를 살펴보자.

1) 세포가 제 기능을 할 수 있도록 회복시켜주며
2) 세포 간의 교신을 돕고
3) 유해 세포를 구분할 수 있는 역할을 하며
4) 암세포를 죽이는 NK세포를 활성화 시키고
5) 암세포가 정상세포에 달라붙지 못하도록 방해하는 역할을 하기 때문이다.

이러한 안전장치가 고장이 나면 암세포는 복제를 계속하게 된다. 반면에 글리코 영양소를 섭취하면 암 환자의 항암치료 효과를 향상시키는 것으로 알려졌다. 필수 탄수화물 8당이 결여되었을 때에 일어나는 심각한 질병 문제는 세포 교신에 차질이 발생하는 데서 기인된다. 그것은 마치 인터넷 통신의 주소 입력에서 한 문자, 심지어 한 점을 빠뜨리는 실수를 해도 통신이 불가능하게 되는 것에 비유할 수 있다.

1991년, 존 호지슨은 탄수화물의 문자화에서 거의 예외 없이 두 개 이상의 살아 있는 세포는 특별한 방법으로 상호작용을 하는데, 이 작용을 가능케 하는 것이 세포 표면의 글리코 영양소임을 밝혀냈다.

종래 의학계에서는 난치병으로 분류된 질병들은 의학적 한계로 여겼으나 이제는 글리코 영양소로 근원적인 정상화 혹은 탁월한 개선이 가능하게 되었다. 글리코 영양소에 들어있는 8가지 단당류 성분이 풍부해지면 세포가 건강해지고 면역력이 높아져 다양한 불치병도 정상화 혹은 탁월한 개선이 될 수 있기 때문이다.

그런데 글리코 영양소를 섭취하는 데 있어 꼭 유의할 것은 인내심이다. 왜냐하면 우리 몸의 세포가 새로운 것으로 바뀌는 데는 일정한 주기가 있고 몸 상태에 따라서 다양하게 반응하기 때문이다.

인체 안의 모든 세포는 일정한 주기로 새로운 세포로 대체된다. 백혈구 세포는 6~7일, 적혈구 세포는 약 4개월마다 새로운 세포로 교체된다. 내부 주요 장기는 1년에 두 번씩 새 세포로 교체되고 DNA도 비슷한 주기로 교체된다. 뼈세포는 이보다 더 오래 걸리는데 대퇴골 세포는 9개월에서 몇 년까지 걸리기도 한다. 뇌나 척추세포는 1년 이상이 걸린다.

단당류들은 세포질 망상구조인 소포체(小胞體) 안에 있는 기본 물질이다. 또 세포의 골지체에서 일어나는 단백질에 당분을 결합시키는 역할을 하면서 당단백질이나 당지질, 당분인지질을 형성한다.

이러한 과정은 DNA의 통제에 의해 이루어지는데 이 명령을 전달하는 역할은 리보핵산(mRNA)이다. 세포 표면에 있는 당단백질은 메시지를 파악하고 화학적 신호를 통해 다른 세포와 소통한다. 이러한 과정을 통해 신속하게 세포가 해야 하는 일을 하도록 만든다.

이러한 시스템은 자동적으로 일어나며 이 과정 중에서 조금이라도 오류가 생기면 기능에 장애가 생기거나 병이 생긴다. 심하게는 사망에 이르는 상황이 생길 수도 있다. 아무도 주목하지 않았던 세포간의 소통이 이렇게 중요하고 이 과정에서 글리코 영양소가 꼭 필요한 것이다.

위에서도 세포의 교체 주기를 설명했지만 문제가 생긴 부위가 새 세포로 교체되어 회복 되는 데에는 일정 시간이 필요하다. 따라서 인내심과 믿음을 갖고 기다리는 것이 필요하다.

글리코 영양소를 섭취하기 시작하면 빠른 효과가 나타나길 기대하지만 약을 복용할 때처럼 빨리 효과가 나타나지 않는다. 건강한 세포가 만들어져 몸이 스스로 회복되기까지는 시간이 걸린다. 그리고 이 과정은 개인마다 약간씩의 차이가 있다.

단 시간 내에 몸의 변화를 느끼는 사람이 있는가 하면 3개월 이상, 혹은 1~2년에 걸쳐 서서히 몸의 변화가 오는 사람도 있다. 이 사실을 분명히 알고 인내하는 사람만이 정상화를 기대할 수 있다. 어떤 질병과 증상은 사람의 체질에 따라서도 반응하는 시간이 다를 수 있고, 체내에 들어간 글리코 영양소가 우리가 모르는 다른 심각한 상태의 부분을 먼저 개선시키기도 한다. 따라서 글리코 영양소를 먹는 사람이 몸에 변화가 나타나기도 전에 포기하지 않도록 주의가 필요하다.

우리 몸 안의 세포 교체 주기는 일정한 기다림의 인내를 요구한다. 바로 이런 이유 때문에 글리코 영양소를 기본적으로 4개월 이상 섭취하기를 권한다. 이러한 모든 과정들은 원활한 당단백질 생성이 관건인데, 이를 위해서는 반드시 글리코 영양소 가운데 핵심 물질인 8당이 꼭 필요하다. 이 8가지 글리코 영영소가 없으면 당단백질 합성이 되지 않기 때문이다.

수정 - 당사슬에 관여

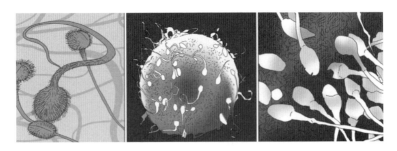

당단백질의 역할은 참으로 놀랍다. 염증을 일으키는 바이러스를 공격할 때 셀렉틴이라는 당단백질은 백혈구를 상처 부위의 혈관 벽에 고정시키는 접착제 역할을 해준다.

뮤신이라는 당단백질은 젤 타입의 점액물질인데, 소화기관의 벽에 코팅되어 소화기관으로 들어오는 각종 세균, 박테리아, 독소 등이 소화기관에 부착되지 못하도록 하는 정교한 필터 역할을 함으로써, 바이러스를 잡아 가두고 위험한 미생물의 침입을 막아 감염으로부터 인체를 지켜준다. 또한 눈, 코, 중이, 기도, 기관지, 폐를 미생물의 침입으로 부터 방어하고 청소 역할도 해준다.

HCG 당 단백은 성선자극호르몬으로서 임신과 호르몬 생성을 도와 임신의 3분기 중 초기에 결정적인 역할을 한다. 그러므로 글리코 영양소를 섭취하면 불임 환자에게도 초기 임신 과정에 도움이 될 수 있다.

7

글리코 영양소의 탄생 과정은 어떻게 이루어졌나?

인류에게 특별히 선물하신 신비의 물질 글리코 영양소는 어떻게 세상에 알려지게 되었을까? 미국의 캐링턴 연구소에서 일하던 빌 맥어날리 박사는 어느 날 한 그룹의 투자가들로부터 화상이나 상처, 속병을 다스리는 데에 특효가 있다는 것으로 널리 알려져 있던 약초, '알로에 베라'의 성분이 무엇인가를 알아내 줄 것을 의뢰 받게 되었다.

마침 그는 어렸을 때 팔에 화상을 입은 적이 있었는데, 그의 어머니가 천연물질인 알로에 베라를 발라주어 신기하게도 나은 경험이 그 순간 그의 기억 속에서 떠올랐다. 그런 과거의 정상화 경험이 있던 그는 특별한 관심을 갖고 1981년, 많은 연구와 실험 끝에 마침내 알로에 베라에 '만노즈' 라는 기적을 낳는 특효 성분이 있다는 사실을 발견하였다.

만노즈란 도대체 무엇인가? 만노즈는 자연계에서 발견한 200여 가지 글리코 영영소 가운데 하나이며 알로에 베라 이외에 채소와 과실의 섬유질에도 있다. 인류는 예로부터 지금까지 자연식품을 통해서 만노즈 성분을 섭취해 온 것이 분명하다. 그러나 현대에 들어와서 글리코 영양소에 들어있는 핵심 8당 가운데 만노즈를 포함하여 6가지 성분의 섭취량은 극도로 감소했고, 그 결과 각종 질병들을 초래하게 되었다는 사실도 알게 되었다. 만노즈를 발견한 이후 연구는 계속되어 만노즈 외에 다른 7가지 당이 추가적으로 세포 교신에 불가결한 생물학적인 필수 영양 물질임을 확인하였다.

빌 맥어날리 박사는 글리코 영양소의 섭취가 질병 예방과 건강 증진에 유익함을 최초로 인식한 과학자였고, 이 연구팀은 1994년 글리코 영양소의 개발과 보급을 위하여 일반 영양 보조식품과는 완전히 다른 부류의 영양(Nutrition)+제약(Pharmaceuticals)의 합성어 '뉴트라슈티컬(nutraceuticals)' 이라는 약과 같은 효능을 기대할 수 있는 약학적 기능 영양 건강기능 식품을 만들어내는 데 성공했다. 그리고 샘 캐스터와 린다 캐스터 부부는 최첨단 생명공학 기술에 힘입어 마침내 1996년, 8당 종합 영양제의 핵심물질인 '글리코' 를 만들어 내는데 성공하였다

세계 석학들이 말하는 글리코 영양소의 비밀은?

미국 텍사스 주 달라스에서 몇 년 전에 있었던 건강 컨퍼런스의 주제 강사였던 의사 레이번 고엔(Rayburne W. Goen) 박사는 다음과 같이 말했다.

【고엔 박사는 콜로라도 의과대학에서 M.D. 학위를 받았다. 그는 2차대전 때 미 육군 군의관 중령으로 봉사했고, 미국 내과의사 보드 멤버이며, 미국 의사 칼리지(FACP)의 특별회원이고, 미국 심장 칼리지의 특별회원(FACC)이며, 오클라호마 의과대학교수를 역임했고, 센 존메디컬 병원과 샌 프랜시스 병원 의학과장을 역임했다. 그는 또 센 존

병원의 의사로서 부원장을 지냈고, 샌 프랜시스 병원의 원장까지 역임했다. 오클라호마 주 의사협회에서 의학상을 받은 지도자이다.】

"지난 100년간 의학계의 최대 발견은 글리코 영양소의 발견이 가장 위대한 발견이라고 생각합니다. 지난 100년 안에 페니실린도 발견되었으나 이는 두 번째이고, 그 다음은 DNA와 게놈 지도를 완성한 것입니다.

나는 의사로서 글리코 영양소를 사람들에게 소개하면서, 은퇴 후 지금까지 포함해서 지난 69년 동안보다 요즈음에 더 많은 기적을 보고 있습니다. 사람들은 "글리코 영양소가 좀 비싸지 않느냐?"고 묻습니다.

그러나 나는 그들에게 "비싼 것이 문제가 아니라 이 영양제가 우리 몸에 얼마나 중요한가가 더 중요한 것"이라고 대답합니다.

"여러분, 모두 자동차를 갖고 있지요?" 그들은 모두 "예"라고 대답합니다.

"자, 그럼 여러분, 내가 지금부터 몇 가지 언급할 텐데 그중에 필요한 것을 선택하십시오. 브레이크 오일, 가스, 전기, 공기, 트랜스미션 오일."

그들은 말하기를 "우리는 그런 것들이 모두 다 필요합니다".라고 말합니다.

"맞습니다."

자동차가 있고 필요한 것이 다 있어도, 어느 한 가지가 빠지면 자동차는 움직이지 못합니다. 그 한 가지가 중요합니다. 가스가 없다든지, 오일이 없다든지, 전기나 브레이크 오일이나, 타이어에 공기가 빠졌다면 차를 타고 갈 수 없습니다. 이와 마찬가지로 그동안 우리 식품에 빠졌던 매우 중요한 글리코 영양소를 우리 몸에 공급하는 것이 매우 중요합니다. 나는 절대로 이 영양제 없이는 살지 않을 것입니다! (I will never be without this nutrients !)

내가 집도 팔고, 차도 팔고, 빈털터리가 되는 한이 있더라도, 나는 절대로 이 영양제 없이는 살지 않을 것입니다! 나는 100살을 넘게 살아도 결코 양로원에 들어가지도 않을 것이며, 휠체어를 타고 고개를 푹 떨어뜨린 채 생을 마감할 날만 기다리지도 않을 것입니다. 나는 이 영양제와 함께 건강한 노년을 살 것입니다……."

면역학 및 연구 과학자인 의사 랍 오트만은 다음과 같이 말했다.

"나는 당분영양소가 우리 몸 전체의 건강을 위해 필수요소가 되리라고 믿는다. 이런 결론에 도달하게 된 이유는 지난 몇개월 동안 연구하고 조사한 결과다.

내가 당분영양소를 고찰하면서, 특히 여러 가지 많은 질병 – 당뇨병에서 관절염에 이르는 수많은 병에서 글리코 영양소가 주는 유익과 치유에 대한 연구가 폭주했다는 사실에 감동받았다.

손끝이 썩고 심하면 발을 절단해야 하는 당뇨 합병증에도 이보다 좋은 탁월한 치유효과 를 기대할 수 있는 것은 아마도 없을 것이다. 나는 당분영양제 글리코 영양소가 3~5년 이내에 지구상 전 세계 60억의 인구에게 주된 영양보충제가 되리라고 믿는다."

최근 미국 공화당 대통령 후보로 주목받는 닥터 벤 카슨은 세계 1위 존스 홉킨스 병원의 수석의사로서, 종양학, 신경학, 소아학, 전문의로

3년 전 타임 매거진과 CNN 방송에선 미국의 권위 있는 의사 TOP 20 안에 그를 선정, 1987년에 머리가 붙은 독일의 샴쌍둥이를 세계 최초로 22시간 동안 머리 분리 수술에 성공하여 '신의 손' 이라 불리는 저명한 의사다.

그런데 다른 사람의 생명을 구하던 그가 2003년 여름 매우 공격적인 전립선암을 선고받고 생명의 위기를 맞았다. 아직 53세, 그는 그의 아내와 세 아들을 뒤로 두고 떠날 준비가 안 되었다.

그는 30년 동안 사람의 생명을 구하고도 자기 자신은 암으로 인해 죽음에 직면하게 되었다. 그는 몇 해 전 자신의 친구가 천연 치료제로 암을 이기고 건강하게 살고 있는 것을 기억해냈다. 그리고 한 환자의 아버지로부터 텍사스 코펠에 10년 된 회사가 있는데 글리코 영양소 제품을 만들고 있다는 말을 들었다.

환자의 아버지는 닥터 카슨에게 이 회사와 연락 할 것을 부탁했으며 접촉 후 닥터 카슨은 이 회사가 공급하는 글리코 영양소 제품이 증상이 개선 될 수 있도록 도와주는 것의 과학적 입증에 감탄을 하였고 자신에게 큰 의미를 주었다고 증언했다.

현대는 환경오염으로 많은 영양소가 파괴되었고 아름다운 자연을 파괴시키며 인간이 고통 받고 있는 가운데 하나님께서 우리 인간에게 건강하게 살게끔 필요한 식물영양소를 제공해주셨다고 생각한다고 말한다. 그는 글리코 영양소를 먹기 시작했고 몇 개월 안에 암을 치료하였고 문제가 있던 소변은 4주 안에 몰라보게 좋아졌다.

닥터 카슨은 생각했다. 모든 환자들이 수술을 할 필요는 없다. 그는 의사지만 수술이나 약 처방을 받는 것이 불필요하다고 생각했다. 그는 글리코 영양소를 통해 암을 치유할 수 있다고 확신했다. 그는 자신의 환자 중 수술을 원하지 않는 환자에게 글리코 영양 제품을 권했고 기적 같은 일들을 경험했다. 병원의 치료로 차도가 없던 환자들이 글리코 영양 제품을 통해 많은 호전이 되는 것을 보았다. 그는 글리코 영양소를 섭취하고 건강을 되찾았다. 그는 최근 2016년 미국 대통령 공화당 후보로 TV토론에 나와서 이렇게 말했다.

"나는 과거에 많이 아팠다. 그러나 글리코 영양소 제품들을 10년 이상 꾸준히 먹고 더 이상 아프지 않게 되었다. 나는 앞으로도 계속해서 글리코 영양소를 먹을 것이다."

9

대안 의학의
새로운
혁명이다

건강한 삶, 질 높은 삶은 누구나 원하는 소망이다. 이는 단순한 생존을 넘어서서 질병으로부터 자유롭고 주어진 열악한 환경 속에서도 무난히 적응하고 살아가는 것을 뜻한다. 현대인은 특히 글리코 영양소가 심히 결핍된 식사를 하고 있다.

《태초의 먹거리》 저자 이계호 교수(충남대, 오리건 주립대학교 대학원 분석화학 박사)는 KBS2 '여유만만' 방송에 출연해 딸을 잃고 건강전도사가 된 사연을 다음과 같이 공개했다.

"딸이 22살에 유방암에 걸렸다. 딸이 암 치료 후 대학 졸업 작품 때문에 1년간 건강관리를 못했다. 졸업은 무사히 했는데, 발병 2년 만에 전신에 암이 퍼졌다. 면역력이 완전히 회복되지 않았는데 암이 다시 발병하게 되니 혈액이 퍼지는 부분에 다 전이된 것이다.

그때부터 딸을 살리기 위해 전 세계의 암에 대한 연구와 암 극복 사례를 수집하기 시작했다. 바로 그 때문에 나는 암 치료 음식 전문가가 되었다. 그러나 나의 이러한 노력에도 불구하고 딸은 세상을 떠났다.

왜 어째서 내 딸은 죽어야 했는가에 대해서 근원적으로 되물었고, 마침내 '현대인들은 매일같이 먹고 사는 태초의 먹거리를 상실했다'는 데서 주요 원인을 찾게 되었다. 식품의 생산, 가공, 유통, 조리에 이르기까지 전 과정이 심각한 수준의 모순과 병폐를 안고 있다는 사실을 알게 되었다.

예를 들자면 1920년대 사과 하나에 들어있던 영양을 오늘날에는 사과 40여 개를 먹어야 비슷한 영양섭취 상태가 된다는 연구보고가 있다. 무슨 말인가 하면 토양 자체가 영양을 잃어 버렸고, 맛을 선호하는 현대인들의 취향에 따른 신품종 종자 개량 등으로 영양보존 상태가 근본적으로 파괴되었기 때문이다.

뿐만 아니라 보기에 좋은 짙은 녹색의 풍성한 채소들도 알고 보면 문제가 심각하다는 것이다. 요소비료 같은 화학비료를 먹고 자란 채소는 보기 좋게 자랐지만 실상은 우리 자신이 발암물질이 함유된 먹거리를 먹고 있는 셈이다.

축산 제품도 마찬가지다. 이윤 추구를 목적으로 하는 생산 방식은

닭이나 소, 돼지 등을 사육할 때 좁은 공간에 가둬두고 동물성 사료를 먹이는 등 엄청난 스트레스를 주고 그렇게 생산된 고기들은 발암물질을 내포할 수밖에 없는 것이다. 이런 식의 먹거리들은 영양결핍을 가져올 뿐만 아니라 각종 희귀병, 난치병을 비롯한 온갖 질병들의 근본 원인이 되고 있다."

이미 고통 가운데 있는 환자들은 말할 것도 없고 건강한 사람들에게도 예방의학적인 관점에서 반드시 필요하다. 글리코 영양소의 핵심물질인 8당이 부족하기는 모두가 마찬가지이기 때문이다.

각 세포들은 종류에 따라 몇 시간에서 몇 년까지 수명이 제한되어 있다. 우리 몸에 글리코 영양소가 공급될 때 세포들은 기능을 최대한 발휘할 수 있게 되며 면역체계는 최대한으로 강화 된다는 사실이 확인되었다.

이는 병을 치료하는 의료계가 접근해야 할 방법을 근본에서부터 생명공학의 차원에서 전혀 새로운 방식을 도입할 것을 주문한다는 점에서 위대한 공헌이 아닐 수 없다.

2000년대, 미국의 웨이즈맨 인스튜티드는 우리 몸 세포에서 전달되는 화학적 명령신호의 스피드와 단백질 분자의 수를 계산해 내기에 이르렀다. 글리코 영양소를 만드는 생명공학 기술이 세계를 바꿀 10대 신기술에 선정된 것은 결코 우연이 아니다. 오늘날 우리나라의 삼성, 엘지, 카이스트, 포항공대, 전자통신연구소에서도 글리코 영양소를 중점적으로 연구하고 있다.

2002년 10월, 존 홉킨스 대학 생화학 교수 제럴드 하트 박사는 다음과 같이 말했다.

"누군가가 나를 비정상적인 사람이라고 해도 난 여러분을 비난하지 않을 것입니다. 그러나 마음을 넓게 여십시오.

여러분 자신을 위해서, 그리고 여러분의 모든 환자를 위해서 말입니다.

그렇게 함으로써 지혜로운 의사였던 의학의 아버지 히포크라테스의 경구에 존경을 표하게 되실 것입니다.

무엇보다도 그의 관심은 자기가 돌보던 환자였습니다.

우리는 그가 한 다음과 같은 말을 새겨듣지 않으면 안 될 것입니다.

무엇보다 해를 주지 마십시오.

여러분의 음식이 여러분의 약이 되게 하십시오.

그리고 여러분의 약이 여러분의 음식이 되게 하십시오.

음식물로 고치지 못하는 병은 의사도 고치지 못합니다.

병을 고치는 것은 환자 자신이 갖는 자연치유력뿐입니다.

의사는 그것을 방해하는 일이 있어서는 안 되며,

또한 병을 고쳤다고 해서 약이나 의사 자신의 덕이라고

자랑해서도 안 됩니다…"

질병 치료에 대한 기존의 입장은 새로운 패러다임으로 전환되지 않으면 안 된다. 세계 의학계는 이를 입증했다. 증상 치료보다 몸 자체에 있는 자연 치유력을 회복하는 방향으로 생각을 바꾸어야 한다. 이는 글리코 영양소의 발견과 함께 새로운 의학 시대가 시작되었다는 것을 의미한다. 말하자면 지금까지의 전통 의학과는 완전히 다른 새로운 패러다임을 뜻한다.

그것은 어떤 약품이나 의술을 통해서가 아니라 세포의 기본적인 필요를 공급함으로써 우리 몸 자체에 있는 원래의 자연 치유력을 최대한 높이려는 것이며, 그리하여 증상 치료 이상으로 좀 더 완전한 면역 체계와 전체적 건강 회복을 달성하려는 목표를 가지고 있다.

그러므로 글리코 영양소는 건강 시대의 핵심이다. 실로 21세기 자연 건강운동을 주도하는 주역의 자리에 머지않아 우뚝 서게 될 것이다. 글리코 영양소는 아직도 널리 알려지지 않아 그 놀라운 효능을 사람들은 잘 모르고 있다. 지구상에 5억이 넘는 사람들이 비타민을 먹고 있는 데 비해서 글리코를 먹는 사람은 현재 25만 명에 불과하다. 뿐만 아니라 회의적인 태도를 취하는 사람들도 많다.

그러나 이러한 문제는 시간이 해결해 줄 것이다. 글리코 영양소의 효능은 급속도로 전파될 것이고, 수년 내에 세계 랭킹 1위 자리에 우뚝 설 것이라 본다. "나무를 보지 말고 숲을 보라"는 말이 있듯이 글리코 영양소의 본질 그 자체를 보기 바란다. 이는 마치 천국 복음의 비밀이 처음에는 극소수만이 알았지만, 오늘날에는 세계를 구원할 가장 유력한 진리라고 인정받고 있는 것과 비슷하다.

2003년 3월호 MIT 공대 기관지 'MIT Technology Review'는 글리코 영양소의 획기적인 발전을 통해 전 세계적으로 건강 개념과 치료에 근본적인 변화가 일어나고 있음을 증언하였다. 진실로 글리코 영양소야말로 오늘의 세계를 변화시키는 10대 과학 기술 중 하나라고 선언한 것이 그것이다.

그런 의미에서 건강한 사람도 내 몸의 근원을 살리는 글리코 영양소를 예방의학 차원에서 마치 비타민 먹듯이 평소에 꾸준히 섭취해서 건강실험을 스스로 해보기를 권한다.

분명히 건강해지는 것을 체험하게 될 것이다. 내가 만일 보다 일찍 글리코 영양소를 만나 알고 먹을 수 있었더라면 두 번의 죽음을 넘어야 했던 그런 끔찍하고 특이한 병상체험의 고통은 내 인생에서 아예 없었을지도 모른다는 생각을 해본다.

질병은 몸 자체에 문제가 있기 때문에 걸리는 것이라기보다는 그때까지의 잘못된 생활습관과 태도가 몸에 표출되는 경우가 더 많아 보인다. 열악한 삶의 조건들이 누적되어 질병으로 이어지기 때문이다.

따라서 약이나 수술만으로 고치려 드는 것은 고려해 볼 필요가 있다. 근본적으로 병이 나기 전까지의 생활태도를 개선해야만 한다. 질

나쁜 식사, 불규칙적인 생활습관을 개선하고, 나날이 더해가는 환경오염에도 대처해야만 한다. 적절한 영양섭취와 일상적인 운동, 긍정적인 마음자세도 가져야 할 것이다.

그런데 무엇보다도 중요하고 효과적인 대안은 식단의 개선, 즉 우리 몸에 필요한 영양분을 섭취하는 일이다. 글리코 영양소가 이를 도와줄 것이며 머지않아 건강유지의 핵심적인 대안이 될 것이라 믿어 의심치 않는다.

글리코 영양소는 수많은 사람들의 질병을 본질 근원에서 해결책을 제시할 뿐만 아니라 글리코 영양소의 전파를 통하여 재정적인 자유까지도 제공해 줄 것이라 생각한다. 온갖 질병으로부터 지켜주고 보호해준다는 점에서, 여기에 숨겨진 비밀은 21세기 최고의 발견이요 비전이라 해도 과언이 아닐까?

글리코 영양소는 전혀 독성이 없는 순수 천연 식품이다. 또한 건강기능식품이다. 바로 그 때문에 인체의 면역 기능 활성화를 도와 몸이 스스로 정상화될 수 있도록 도와주는 하나님이 내려주신 은혜의 선물임에 틀림없다. 무너진 몸을 균형감 있게 복원하는 일을 신비스럽게 지원하는 우리 몸에 절대 필요한 영양소로서 생로병사의 비밀이 여기에 숨어 있다.

10

원기소에서 비타민
그리고
글리코 영양소의 비밀까지

60년대 배고프던 유년시절에 나의 아버님은 생전 처음 보는 원기소를 한 병 가져오셨다.

"아들아! 이거 먹어라. 힘이 펄펄 나고 몸에 좋단다."

당시는 과자도 귀했던 때라 무슨 약 같은 묘한 냄새가 나면서 고소하기도 한 원기소를 아껴서 먹었던 기억이 지금도 새롭다.

80년대가 되면서 각종 비타민이 쏟아져 나오면서 대중화되기 시작했다.

나는 워낙 건강했기 때문에 비타민의 필요성을 느끼지 못했었고 전혀 관심도 없었다. 건강기능식품하면 무조건 거부반응이 들었고 심지어는 사람들을 현혹시켜서 해를 입히는 것으로 생각하기까지 했다. 그러던 내가 지금은 천국 복음 전파와 함께 건강 전도사가 되었고 글리코(Glyco) 영양소라는 기능 건강기능식품을 세상에 알리는 책도 쓰게 되었다는 사실이 도무지 믿기지 않는다. 어떻게 사람이 이렇게 변했지 싶다.

글리코 영양소는 비타민과도 그 본질이 다르고 여타의 건강기능식품과도 다르다는 것을 깨달았기 때문이다. 사람은 누구나 필수 3대 영양소인 탄수화물, 지방, 단백질 외에도 각종 비타민과 나트륨, 칼슘, 철, 인 등의 원소를 포함하는 무기질 미네랄 그리고 깨끗한 물이 필요하다는 사실은 이미 누구나 알고 있는 상식이 되었다.

몇 년 전에 아버님 살아생전에 금강산을 구경시켜 드리고 싶어 가족여행을 떠난 적이 있다. 아름다운 금강산에 놀라기도 했지만 더 놀란 것은 북한 장병들의 모습이었다. 하나같이 삐쩍 말라 왜소하기 그지없었고 키도 소년병처럼 작았다. 헐벗고 굶주려서 모두가 영양실조에 걸린 것이다. 먹는 음식이 그 사람을 만든다는 말이 실감이 갔다.

우리 남한 사람은 너무 먹어서 비만에 고통당하고 북한 사람은 못

먹어서 고통당하니 이것이 사람 사는 세상의 모순 아니고 무엇이랴. 부조리와 모순 속에 있는 세상은 그럼에도 불구하고 끊임없이 변화하고 발전한다.

욕망충족의 세계가 그것을 부추기는 것이다.

80~90년대에 들어와서 전자현미경이 발명되고 성분 분석기가 등장하면서 세포의 비밀, 곧 생명현상의 열쇠를 쥐고 있는 당사슬(섬모=글리칸=세포털)의 정체가 밝혀지고 부터는 기존의 의학적 상식을 뒤집어 놓았던 것이다.

당사슬을 구성하고 있는 핵심 여덟 가지 탄수화물 성분이 비밀 암호 코드로 세포와 세포간의 대화 통신을 하고 호르몬 신진대사를 조절하기도 하며 온갖 세균, 바이러스, 박테리아를 자체 면역력으로 공격, 방어하기도 하고 심지어는 임신 수정에까지 관여하고 혈액형을 결정짓는 결정적인 요인이 된다는 사실도 밝혀내기에 이르렀던 것이다.

이는 곧 각각의 여러 주제로 노벨 생리의학상 7개를 수상하게 만들었을 뿐만 아니라 노벨상 수상자 80여명 이상을 배출해 낸 MIT 공대에서는 21세기를 바꿀 신기술의 하나로 '글리코믹스' 를 선정하기에 이르렀다.

말하자면 글리코 영양소는 생명현상의 열쇠를 쥐고 있는 의학적 비밀이 들어있는 특별한 물질이다.

그런데 참으로 위대한 이야기는 이제부터 시작된다.

청정지역에 살고 있는 천연 6,000여 가지 자연 식물들에서 최첨단 생명공학 기술로 추출하여 낸 글리코 8당과 인체 세포를 구성하고 있는 세포털(글리칸=섬모) 8당의 분자구조가 정확하게 일치 한다는 사실을 밝혀낸 것이다.

이것을 우연의 일치라고 누가 감히 말할 수 있을까?

하나님의 비밀이요 섭리라고 밖에는 설명하기 어렵다.

도대체 이것이 무슨 뜻이며 어떤 연관이 있을까하고 생명과학자들이 인체에 임상실험을 한 결과, 질병을 어떻게 근원적으로 정상화 시킬 수 있으며 한걸음 더 나아가서 어떻게 질병을 예방할 수 있을까 하는 물음에 근본적인 대답을 할 수 있게 되었다는 사실이다.

오늘 날 샘 캐스터 부부에 의해서 제품화에 성공한 글리코 영양소는 그런 의미에서 독보적인 독점특허로 인류 건강증진에 기여하고 있다. '부인할 수 없는 하나님의 길' 이라는 그의 저서 속에는 글리코 영양소가 탄생하기 까지의 하나님의 오묘하신 간섭과 인도하심이 잘 그려져 있다. 은혜롭고 자비하신 하나님은 천지만물 속에 온갖 난치병, 희귀병, 불치병들을 극복할 수 있는 실질적인 대안의학(자연의학)으로서 오직 유일한 글리코(Glyco) 영양소를 남겨두셨고, 샘 캐스터 부부로 하여금 그 중대한 일을 하도록 하셨던 것이다.

이 엄청난 사실을 만나고 깨닫게 된 나는 즉시 글리코 영양소 전도사가 되기로 결심했다.

하나님을 섬기고 예수를 믿는 일은 죄사함 받고 천국에 이르는 미래의 궁극적인 구원과 관계된 일이고 글리코 영양소를 전파하는 일은이 세상에서 각종 질병의 고통을 몰아내고 건강과 행복을 책임져 주는 일에 있어서 가히 절대적으로 필요한 현실적인 구원과 관계된 일이기 때문에 어느 것 하나 버릴 수 없기 때문이다.

나는 오늘날 목회를 하시는 모든 목사님들과 교회 지도자님들께서글리코 영양소의 세계를 깨닫고 글리코 영양소의 비밀을 전파하는 사람들이 될 수 있기를 기도하고 있다. 여기서 한걸음 더 나아가서 이 땅의 모든 사람들이 그렇게 되었으면 하고 진실로 기도하고 있다.

질병은 사람을 불행하게 만들고 행복을 빼앗는 가장 큰 적이기 때문이다.

세상에는 좋은 품질의 비타민도 많고 각종 뛰어나고 좋은 건강 기능식품들도 많다. 그러나 글리코 영양소는 그 모든 것과 차별화 되는 글리코 만의 독특한 정체성(Identity)이 있다.

그것은 탄수화물 8당 즉 글리코 영양소가 관여하는 생명현상의 비밀과 직접적으로 맞닿아 있는 글리코 영양소의 진실 그 자체 속에 있다는 사실이다. 글리코 영양소는 예방의학 차원에서도 가장 뛰어난 기능을 발휘한다.

나는 몇 달 전, 누군가로부터 "글리코 영양소를 먹으면 감기하나 걸리지 않고 겨울을 난다"는 얘기를 들었을 때 정말 그럴 수 있을까 하고 반신반의 했다. 그런데 지난 늦가을부터 올 겨울 2월까지 감기가 네번이나 찾아왔는데 신기하게도 하루가 지나기 전에 스스로 네 번 다 모두 물러가는 신기한 경험을 했다. 재채기가 심하게 나고 콧물이 줄줄 흘러서 며칠은 꼼짝없이 고생하겠구나 싶었는데 언제 그랬냐는 듯 이렇게 아무 일 없이 원상태로 감쪽같이 회복된다는 것은 참으로 이해하기 어렵다.

이런 것이 바로 글리코 영양소의 탁월한 효능이다. 글리코 영양소를 평소에 먹어둔다면 병원에 갈 일이 없다는 간증은 결코 빈말이 아니다.

따라서 온 세상 사람들이 건강할 때에 글리코 영양소의 비밀을 깨달아 알고 비타민 먹듯이 소량이라도 평소에 먹어둘 수만 있다면 아마도 건강 프로그램은 새로운 차원으로 비상할 것임에 틀림없다고 생각한다.

제2장

나를
살려주신
신유(神癒)의 은혜

1

암치질이
온데간데없이
홀연히 사라지다

병원 한 번 가지 않고도 무난히 살았던 나는 1993년 어느 날부터 하혈을 하기 시작했다. 변기통이 온통 빨갛게 물들 정도로 많은 피가 나왔다. 그리고 가끔씩 지속적으로 하혈을 했다. 그런데도 아무런 통증도 없었고, 워낙 건강했기 때문에 일 년이 지나도록 아내에게조차 한마디 말도 안 하고 무심하게 지냈다. 그 정도로 나는 병과 무관하다고 생각하며 살아왔다. 아무리 힘든 일을 해도 잠자고 나면 거뜬했고, 독한 감기에 걸려도 시간이 지나면 저절로 낫겠지 하고 먼지 털듯 툭툭 털어버리면 곧 낫고는 했다.

그러던 어느 날 신문에 대장암에 관한 기사가 실렸는데, 지속적으로 하혈을 하거든 의심해 보라는 말에 깜짝 놀라 아내에게 직접 보여 주었다. 일 년이 넘도록 이렇게 많은 피를 쏟으며 어떻게 말도 안 하고 방치할 수 있느냐며 당장 병원을 찾았다. 암치질이었다. 수술 외에는 방법이 없다는 의사 선생님의 진단과 함께 수술비용 견적서를 받고, 수술 날짜를 잡았다.

그때에는 나의 신앙에 중대한 변화가 있던 시기였다. 당시 나는 사회변혁 운동을 지향하는 민중교회를 사임하고 영적인 목회를 준비하던 때였다. 신령한 영적인 천사들의 세계를 더 알고 싶었기 때문에 내게도 신령한 은혜의 체험을 달라고 열심히 기도할 때였다.

나는 이런 어처구니없는 기도를 한 적도 있다. '하나님! 저도 불치의 병에 한 번 걸려봤으면 좋겠습니다. 그러면 하나님께서 능하신 손으로 만져주셔서 병을 낫게 해주시고, 병 고치는 신유(神癒)의 은사를 알게 된다면 주님의 일을 더 잘 하게 될 것 같습니다…….' 때마침 암치질이 왔을 때 '하나님! 이 병을 고쳐 주십시오. 피가 멎게 해 주십시오'라고 간구했다.

그리고 마음을 집중하기 위하여 수술비용을 모두 건축헌금으로 드렸다. 그 다음날 아내가 신학기를 맞아, 학교 인사이동문제 때문에 고양시 교육청을 함께 가야 했다. 길을 걷고 있던 도중 내 몸에 이상한 징후를 느꼈다. 어느 순간 엉덩이에 불이 붙는 듯 후끈하며 뜨거운 열기 같은 것이 느껴졌다. 그런데 신비로운 것은 그날부터 거짓말처럼 피가 멎었다. 암치질이 온데간데없이 사라진 것이다. 참으로 놀라운 것은 그 이후로부터 지금까지 치질로부터 완전히 해방되었다는 사실이다.

이는 정말 거짓말 같은 하나님의 기이한 역사가 아닐 수 없다. 이 일이 있은 후 몇 년이 지나서, 내가 98년도에 심장 협심증을 앓을 때, 하나님께 고쳐 달라고 무모하리만큼 떼를 쓰게 된 것은 그때의 영적 체험이 근거가 된 것이기도 하다.

2

뇌염으로
파괴된 뇌를
고쳐 주시다

나는 2001년 12월 말, 목회를 하던 중 갑자기 쓰러져 신촌 세브란스 병원으로 급히 옮겨졌다. 그곳에는 일전에 심장 협심증 수술을 했던 병원 기록이 있었기 때문이다. 무의식 상태로 중환자실에 들어간 나는 절망적인 상태였다. 소생 가능성이 없다는 진단과 만일 만에 하나 운 좋게 살아난다 해도 시각장애나 언어장애가 오거나 몸을 쓰지 못하는 지체장애인으로 살아가게 된다는 것이었다.

MRI 촬영 결과, 원인 불명의 바이러스가 뇌에 침투하여 뇌 전체를 파괴하여 못쓰게 되었다는 것이다. 99.9% 사망선고나 다름없었다. 온 가족이 모이자 담당 주치의 선생님이 이제 마음의 준비를 해야 한다고 말했다. 나의 아내는 주치의 선생님에게 매달리며 이렇게 말했다.

"의사 선생님, 우리 목사님을 살려주십시오. 선생님은 부정적이고 절망적으로 말씀하시지만 저는 죽은 자도 살리시는 하나님을 믿습니다. 저의 머릿속에는 죽음이란 없습니다. 살리는데 목숨 걸고 기도하겠습니다. 최선을 다해 주십시오. 하나님은 죽은 자도 살리시고, 없는 것도 있는 것처럼 불러내시는 능하신 하나님이시니, 하나님의 뜻이 계시면 반드시 고쳐서 살려주실 것입니다……."

이 세상에 기댈 곳이 아무것도 없던 나의 아내는 틈만 나면 연세대병원에 있는 채플실에 가서 금식하며 눈물로 기도했다. 하나님 얼굴을 바라보며 자비를 구하는 기도 외에는 나를 위해서 실질적으로 도와줄 수 있는 일이 아무것도 없었기 때문이다. 금식하느라 살이 빠져서 얼굴을 몰라 정도로 간절히 하나님의 은혜를 구했다.

"우리 염 목사님은 뭔가 하나님의 일을 해보려고 애를 많이 썼고, 남다른 고생도 많이 했는데 남은 것은 아무것도 없습니다. 너무 불쌍하지 않습니까? 하나님! 이렇게 죽어 이대로 보내기에는 내 마음이 너무 억울하고 한스럽습니다. 하나님은 자비하시고 능하신 분이며, 죽은 자도 살리시고 없는 것도 있는 것처럼 불러내시는 능하신 하나님이시오니 하나님의 일을 할 수 있도록 한 번만 기회를 주십시오. 세상 뭐라 해도 하나님의 뜻이 있으면 나을 줄로 믿습니다."

그러던 어느 날이었다. 나의 아내에게 의사 선생님의 특별지시가 있었다.

"상태가 너무 안 좋으니, 오늘 밤에 어디 가지 말고 곁을 지키십시오. 자율신경과 교감신경을 비롯한 모든 신경계와 모든 기관들이 하나씩 차례대로 기능을 잃어 가고 있습니다. 호흡마저 들숨 날숨을 쉬어 주고 있는데 이제 마지막으로 심장이 멎으면 끝입니다."

하지만 그날 밤 새벽, 몇 날 며칠이고 의식이 없던 나는 기적적으로 깨어났다. '내가 왜 여기 있지? 얼른 집에 가 봐야지…' 하고 생각했다. 그리고 아득하고 몽롱한 기억이 떠올랐다. 어떤 노인으로 보이는 두세 명이 저 멀리서 내게로 와서는 "이제 가자!"라고 하였다. 나는 직감적으로 '이제 죽어 천국으로 가는 순간이 되었구나'라고 생각했고, 아무런 반항심 없이 당연히 따라가야 한다고 생각했다. 그 순간 나의 아내가 나타나더니 안 된다고 했고, 아직 해야 할 일이 있다고 항변하는 것이었다.

그리고는 "주여 나의 병든 몸을"(528장)이라는 찬송을 담대히 불렀다. 나는 속으로 생각하며 혼잣말로 중얼거렸다. "자기가 뭔데 안 된다고 하는가. 천사가 가자면 가는 거지……." 이처럼 밑도 끝도 없는 기억이 아스라이 나의 머릿속에 남아있다.

나는 지금도 이를 어떻게 이해해야 할지 잘 모르겠다. 영적인 어떤 하나님 체험 같은 것은 세상 언어의 한계에 부딪칠 수밖에 없기 때문이다. 그런데 확실하고 분명한 사실은 그 이후로 급속한 회복을 하기 시작했다는 것과, 의사 선생님의 말과는 정반대로 머리털 하나도 상하지 않고 온전히 정상적으로 회복되었다는 사실이다.

이는 그 누구도 설명할 수 없고 이해할 수 없는 하나님의 작품이다. 뇌는 파괴되어 한 번 망가지면 다시 재생될 수 없다는 것이 의학계의 정설로 되어 있기 때문이다. 특히 병든 내 몸을 만져주신 주님의 신유의 손길을 경험한 후, 믿음은 곧 하나님에 대한 절대적인 모든 긍정을 의미하는 것이라는 사실을 새삼 깨닫게 되었다. 우리의 신앙은 하나님 하시는 일에 대하여 절대 아멘이 되지 않으면 안 되기 때문이다.

그 어떤 경우에도 하나님에 대한 절대 신뢰는 하나님의 본질 자체를 믿는 믿음이며, 나의 바라는 소원과 요구사항 그리고 이것의 성취 여부와는 별개의 문제이기도 하다. 그것은 하나님의 선하신 뜻대로 되는 것이기 때문이다. 그러므로 우리가 해야 할 일은 어떤 상황, 어떤 형편과 처지에서든지 하나님을 절대적으로 믿고 소망하면서, 하나님만을 바라보는 것이다. 하나님이 하신 약속의 말씀을 절대적으로 긍정하고 지켜 행하는 것이다. 하나님을 신뢰하지 않고 불신부정(不信否定)한다면 기대하지 않은 좋은 일이 일어날 확률은 제로에 가깝다.

산마루 서신의 이주연 목사님은 《긍정의 힘》에서 이렇게 썼다.

기대하지 않으면 상황은 나아지지 않는다. 늘 똑같은 수준을 기대하는 사람은 영원히 제자리를 맴돈다. 기대가 삶의 한계를 긋는다. 예수님은 "너희 믿음대로 되리라"(마 9:29)고 말씀하셨다. '네 믿음이 기대한 만큼 주겠다'는 뜻이다.

늘 최악의 상황만 기대하는 사람들이 있다. 자신의 어려운 처지를 너무나 '잘 아는' 그들은 항상 축 처진 어깨로 불평불만만 늘어놓는다. '하나님, 왜 저만 요 모양 요 꼴로 놔두시는 겁니까? 정말 불공평하십니다.' 이들의 미래는 기대한 그대로다. 마음의 거짓 소리에 귀 기울이지 말라. 하나님은 커다란 소망을 품으라고 말씀하신다. 소망이 없는 믿음이란 존재하지 않는다. 믿음은 바라는 것들의 실상이다(히 11:1).

소망의 또 다른 이름은 '높은 기대'이다. 아침에 눈을 뜨자마자 하나님의 은혜를 기대해야 한다. 기대는 기회의 문을 열고 사회적 성공을 가져다주며 인생의 난관을 뛰어넘게 해주는 원동력이다.

- 《긍정의 힘》 중에서

나는 두 달 넘게 입원해 있으면서 내 마음이 새롭게 정화되는 것을 느꼈다. 살아도 살지 않은 것처럼, 살지 않아도 산 것처럼, 가난한 자 같으나 많은 사람을 부유하게 하고 아무것도 없는 자 같으나 모든 것을 가진 자처럼, 근심하는 자 같으나 항상 기뻐하고 무명한 자 같으나 실상은 유명한 자로서, 너그럽고 관용할 줄 아는 넓은 가슴으로 살아야겠다는 마음이 생겨났다.

퇴원할 무렵 박수철 신경내과 주치의 선생님께서 특별한 말씀을 하셨다. 입원부터 퇴원까지 시차를 두고 고가의 MRI 검사를 4번이나 했는데, 그 사진을 모두 순차별로 죽 걸어 놓고 직접 보여 주며 설명해 주셨다. 초기의 것은 뇌가 모두 파괴되었으나 마지막 사진은 정상으로 바뀌어 있었다.

"목사님의 뇌를 파괴한 바이러스가 어떤 바이러스인지 아직 의학적인 규명이 안 된 정체불명의 바이러스입니다. 그런데 이렇게 짧은 기간 안에 거의 정상으로 보이는 것처럼 변모된다는 것은 의학적으로 설명이 어렵습니다. 그동안 내가 수많은 환자를 다루었지만 목사님 같은 경우는 처음입니다. 목사님은 정말 운이 좋았습니다. 목사님을 보니 하나님이 계시긴 계신가봅니다. 그리고 어떤 바이러스인지 규명이 안 되었으므로 목사님은 몸이 호전된 것은 명백한 사실이지만 아직 병이 진행 중이라고보아야 할 것입니다. 퇴원하시더라도 몸 상태가 조금만 이상하다 싶으면 즉시 달려와야 합니다."

나는 이렇게 하나님의 은혜로 사선을 넘은 후 지금까지 정상으로 활동하고 있다. 퇴원하여 집에서 요양을 하면서 많은 생각을 하면서 하루하루를 보냈다. 내 생명을 내가 자신할 수 있는 그 어떤 능력도 내게는 없음을 절감했다. 어느 순간 나 자신도 의식하지 못한 채 저 세상 사람이 될 뻔했던 경험은, 한편으론 살아도 살아 있지 않은 것 같아서 나 자신을 불안하게 했지만, 또 한편으론 '나는 덤으로 사는 인생' 이라는 깨달음을 주었다.

덤으로 사는 것이니 무슨 일을 당해도 참고 견딜 수 있겠다는 생각이 들었다. 무엇에 집착하고 서로 아웅다웅하며 산다는 것이 얼마나 부질없는 짓인가…! 어느 누구의 허물이 보일 때 지적하고 다투는 것보다 가급적이면 넓은 아량으로 덮어주고 말없이 기도하는 것이 더 좋다는 생각이 들었다.

그리고 감사한 것은 그렇게도 소원하던 성전을 지을 수 있게 된 것이다. 그동안 나의 아버님께 성전 지을 땅을 주십사 여러 번 간청하고 설득도 해보았었지만 번번이 거절당했다. '98년도에 심장 협심증으로 죽을 고비를 넘긴 적이 있었는데, 그런 몸으로는 성전을 지을 수가 없고, 지어서도 안 된다는 것이 아버님의 움직일 수 없는 고집스러운 생각이었다.

"누구 좋은 일 시키려고 성전을 짓느냐? 너는 앞으로의 운명을 장담할 수 없는 몸이니, 셋방살이 교회 하더라도 그게 네 운명이려니 해라. 솔직히 말해서 나는 내가 평생 피땀 흘려 마련한 땅을 하나님께 바칠 만한 믿음이 없다"라고 아버님께서 말씀하셨을 때, 나는 화가 났지만 다시 한 번 설득해 보았다.

"아버지! 그렇게 제 건강이 염려된다면 성전 지을 땅을 하나님께 드리고 나서 '하나님, 제가 성전을 짓도록 이만큼 성의를 보였으니 우리 아들 건강 책임져 주세요' 하고 결단을 내려 보시지요. 그게 더 현명한 것 아닌가요?" 이건 아예 설득이 아니라 협박이었다고 보아야 할 것이다.

나는 목회를 하면서 떳떳한 성전이 없어서 설움을 많이 받은 편이다. 좋은 건물이 꼭 있어야 하는 것은 아니지만, 남 보기에 항상 부끄럽다는 생각을 떨쳐버리지 못했다. 내게 성령님의 은혜가 부족했던 것은 반성하지도 않고 말이다. 아무튼 퇴원 후에 성전 지을 땅을 달라고 또 요구했는데, 이번에는 이렇게 말씀하셨다. "네 소원대로 하거라. 이번에 허락하지 않으면 또 무슨 일을 당할지 모를 텐데 네 원하는 대로 맘대로 하거라." 퇴원 후 그 이듬해 2003년도에 아내가 지어준 '호산나 교회'라는 예쁜 이름으로 그림처럼 소박하고 아름다운 성전을 지었다. '호산나'는 '주님! 제발 구원해 주옵소서!'라는 뜻이다.

나는 성전건축에 얽힌 지난날의 추억을 생각하면 저절로 눈물이 난다. 누가 뭐래도 하나님은 살아 계신 영광의 하나님이시다. 선하심과 인자하심이 영원하신 하나님은 구하는 자에게 은혜를 베푸시고 긍휼을 베푸시는 사랑의 아버지이시다. 우리가 하나님의 이름을 빛내며 사는 하나님의 귀한 자녀들이 된다면 하나님은 가장 크게 기뻐하실 것임에 틀림없다. 하나님이 정녕 우리를 기뻐하시기만 한다면 우리에게 필요한 그 어떤 것도 넉넉히 주실 하나님이시라는 믿음도 당연한 상식으로 갖게 된다.

'할렐루야 아멘!' 모든 영광 하나님께 드립니다.

3

심장 협심증을
은혜로
수술 받게 하시다

나는 개척교회를 시작했다가 사람 잘못 만나 돈도 잃어버리고 설상 가상으로 건강도 잃어버리는 매우 어려운 시련을 겪은 적이 있다. 혈관이 막혀 갑자기 돌연사하기도 하는 심장 협심증은 과도한 스트레스와 흡연이 주된 발병 원인인데, 이 무서운 질병으로 나는 몇 번이나 죽음의 문턱을 경험해야 했다.

무거운 것을 들거나 비탈길을 오르면 가슴이 갈라지는 듯한 통증을 느꼈다. '가슴이 아프다!' 는 말을 예전에는 '마음이 아프다' 는 것으로만 이해를 했었다. 심각한 가슴의 통증을 호소하는 사람을 보고는 그게 어떻게 아프다는 것인지 몰라 궁금했었는데 그것이 정작 나의 문제가 되었다.

세브란스 병원의 진단 결과는 시급히 수술하지 않으면 목숨을 잃을 수도 있다는 것이었다. 수술비용은 기본이 일천만 원이고 상태에 따라서 삼사천만 원이 될 수도 있다는 것이었다. 나는 비장한 결심을 했다. '하나님은 병도 고치시니 내게 사명이 있다면 하나님이 고쳐 쓰실 것이고, 내게 더 이상 사명이 없다면 깨끗이 죽자'는 것이었다. 처방해 온 약을 모두 버렸다. 배수의 진을 쳐야만 혼란스러운 마음을 집중할 수 있을 것 같았기 때문이다.

수술 문제를 놓고 아내와 몇 번 다투었다. 잃어버린 돈 때문에 지금 빚도 많이 졌는데, 나 하나 살자고 병원에 갖다 줄 돈은 더 이상 없다고 맞섰다. 특별하게 도우시는 하나님의 은혜가 아니고는 사실 더 이상 살고 싶은 마음이 없을 정도로 내 모습이 비참하게 느껴졌다.

교회 예배드릴 처소를 잃어버린 나는 아파트 사택에서 1년 4개월 동안 예배를 드렸다. 얼마 안 되는 교인들이었지만 얼굴을 들 수 없었다. 새벽예배는 아파트에서 드리기가 불편해서 차를 몰고 10여 분 떨어진 공릉 입구 넓은 주차장 한 구석에 차를 세워놓고, 차 안에서 설교하고 기도했다. 비가 억수로 쏟아지는 날은 천장을 두드리는 요란한 빗소리와 함께 "내게도 성전을 주소서!" 하고 부르짖었다. 지금도 번개 치며 굵은 빗줄기가 쏟아지면 그 암담했던 시절이 저절로 떠오른다.

그런데 병은 좋아지기는커녕 점점 더 나빠져 갔다. 육체는 물론이거

니와 기분이 조금만 언짢아도 심장이 민감하게 반응을 했다. '심장'이 라는 글자를 만들 때 마음 심(心)을 사용한 이유를 확실히 알 것 같았 다. 그러던 어느 날 뜻밖에도 전혀 모르는 어떤 분으로부터 전화가 걸 려왔다.

"염 목사님 댁 맞지요? 고향 친구 집에 갔다가 목사님의 딱한 얘기 를 얼핏 들어서 알게 된 엄 집사입니다" 엄 집사님의 고향 친구는 과 거에 아내가 근무했던 학교의 믿음 좋은 학부모였다.

"제가 집에 와서 목사님을 위하여 중보기도를 하는데 목사님 문제 가 좀처럼 마음속에서 지워지지가 않았습니다. 목사님을 도우라는 성 령님의 감동이 와서 고향 친구에게 전화번호를 알아 가지고 이렇게 저의 뜻을 전하게 되었습니다. 수술비용이 얼마가 들던 제가 해결할 터이니 아무 염려 마시고 빨리 수술 받으시고 건강 회복하여 하나님 일 많이 하십시오." 하며 울먹이는 것이었다.

나는 한번 만나 뵙자고 제안했고 그분의 고향 친구 집에서 아내와 함께 그분을 만났다.

"하나님은 병도 고치시는 분이고⋯⋯, 그러니 저는 하나님께 맡기 고 수술은 받지 않겠습니다. 제게 정작 필요한 것은 잃어버린 교회 전 세 자금이니 얼마가 되었든 마음에 품은 돈을 주시면 다시 한 번 목회 를 해보겠습니다."

그 말을 듣고 그분은 울먹이며 말했다.

"제가 하나님께 응답받은 것은 목사님께 수술비용을 드리라는 것이지 그건 아닌 것 같은데요. 우리 서로 기도해 봅시다. 언제든 마음이 바뀌면 연락 주시고 속히 수술 받으십시오."

집에 돌아온 아내는 나를 많이 나무랐다. 기도하고 헌신하는 집사님의 도움을 은혜로 받고 축복기도해 주면 되는데 그건 아니라는 것이었다. 그때마다 나의 말은 한결같았다.

"사명이 있는 자는 죽지 않아. 내게 더 이상 사명이 없다면 죽고 말지 왜 살아?"

우리가 헤어진 후 두세 번 더 전화가 걸려왔다.

"저의 오빠는 교회도 지은 장로님이셨는데, 심장이 나빠서 몇 년 전 세브란스 병원에서 수술 대기하다가 수술 기회를 놓친 채 세상을 떠나고 말았습니다. 목사님도 더 미루시다가는 큰 일 날 수 있습니다. 이제 그만 고집 버리시고 수술 받으십시오."라고 말하시면서 진심으로 안타까워했다.

그러나 나의 자존심은 이를 허락지 않았다. 서로 연락이 끊긴지 몇 개월이 흘렀다. 투병생활이 만 1년 되는 1999년 2월, 며칠 전부터 시작된 가슴 통증이 끊이질 않았다. 구정 설 쇠러 춘천에 갔다가 아침 먹고 나자 더 이상 통증을 견디지 못하고 끝내는 항복하고 말았다. 나는 세브란스병원로 급히 옮겨 달라고 요청했고, 병원 측의 특별 배려로 중

환자실에 들어갈 수 있었다.

그런데 입원 4시간 만에 아내 앞에서 저녁을 먹는 도중에 입에 밥을 한 숟갈 물은 채로 의식을 잃고 앞으로 꼬꾸라지고 말았다. 그러나 다행히 중환자실에 있었기 때문에 목숨을 구할 수 있었다. 만일 그 자리가 아니었다면 생명을 잃었을 것이라고 의사 선생님은 말했다. 서둘러 수술을 받았고, 소식을 듣고 엄 집사님께서 문병을 오셨다. 정성스럽게 쓴 친필 격려 편지와 일금 1천만 원 수표를 주셨다.

엄 집사님 가정은 누구처럼 아주 잘 사는 집이 아니다. 엄 집사님의 고향 친구 말에 의하면 그분은 그 당시에 집도 전세로 살고 계셨고, 시장에서 물건을 살 때도 최대한 근검절약하며 사치할 줄 모르는 검소한 분이라는 것이다. 그분은 내게 당부했다. 절대로 자기 이름을 누구에게도 알리지 말아 달라고 했다. 이 땅에서 상을 다 받아 버리면 하늘에 상급이 없어진다고 말이다.

퇴원한 후에 우리 부부는 서울 일원동에 사시는 그분 집을 찾아뵙고 인사를 드렸다. 남편 되시는 서 집사님은 자기가 가장 좋아한다는 로마서 8장 28절을 말씀하시면서 위로해 주셨다. 하나님을 사랑하는 자 곧 그 뜻대로 부르심을 입은 자에게는 모든 것이 합력하여 선을 이루도록 하나님은 인도하신다는 것이다.

몇 개월이 지난 후에 나는 마음을 비우고 고향인 춘천으로 가기로 결심했다. 마침 목회에 실패해서 폐교회 수순을 밟고 있던 교회가 있었는데, 공교롭게도 '사명교회' 라는 이름이었다. 투병생활하면서 '사명이 있는 자는 죽지 않는다' 는 말을 입버릇처럼 하곤 했는데, 우연찮게도 내가 소개받은 교회가 사명교회였던 것이다.

나는 두말 않고 "사명교회는 하나님이 내게 주시는 장막 터이니 나를 보내 주십시오"라고 말했다. 지금은 그림처럼 소박하고 아름다운 전원교회를 건축하고, '호산나교회' 라 이름 지었지만 그 뿌리는 사명교회다.

작은 지하실에서 1층 13평으로, 또다시 3층으로 교회를 옮기면서 우여곡절 끝에 오늘에 이른 것이다. 차 지붕을 요란히 때리는 빗소리를 들으면서 내게도 성전을 달라고 기도했지만, 사실은 그렇게 기도하면서도 전혀 믿겨지지가 않았다. 그러나 하나님의 선하신 인도하심과 이루시고자 뜻하시는 하나님의 섭리는 오늘날 내게 분에 넘치는 은혜를 주셨다. 상처를 싸매시고 상심한 자를 일으키시는 하나님께서 내게 건강도 주셨고, 잃어버린 물질도 모두 채워주셨다.

4

2차 심장 수술을
통해서도
말씀하시다

1999년 2월에 심장 협심증으로 죽을 고비를 넘긴 적이 있었는데, 꼭 14년 만인 2013년 2월 14일, 다시 재발한 무서운 심장병이 소리도 없이 다가왔다. 내 생에 있어서 2월은 특별한 것 같다. 모든 잊지 못할 시련들이 2월에 두 차례나 집중되어 있기 때문이다.

통상 심장 협심증 수술환자의 30%가 넘는 사람들이 재발한다는 통계가 있는 것으로 볼 때, 내가 재발했다고 해서 그리 놀랄 일은 아니겠지만 1년에 두 번씩(2013년 2월 14일과 12월 1일)이나 심장 수술을 해야 한다면 이는 결코 쉽게 넘어갈 문제가 아니다.

나의 심장 상태는 매우 심각한 지경이었다. 2013년 2월 14일, 장로

회신학대학을 졸업하는 아들의 졸업식을 보고 난 후 인천에 문상을 갔다가 밤늦게 돌아오는 도중이었다. 너무 심장이 아파서 급히 핸들을 세브란스병원으로 꺾었다. 다행히 정 집사님께서 운전대를 잡아주셨고, 집사님 권사님들께서 기도해 주셨다. 응급실로 향하는 차 안에서 걱정하시는 모든 성도님들께 나는 이렇게 말했다.

"이 일을 통해서도 하나님은 말씀하십니다. 분명히 무슨 뜻이 있을 것입니다. 하나님께서 어떤 경우라 할지라도 함께하시기만 하면 걱정할 것 없습니다. 하나님은 나를 꺾으시는 하나님이십니다. 하나님께 모든 것을 항복하고, 하나님 은혜로만 사는 존재임을 다시 한 번 처절하게 확인시키시는 주님이십니다. 하나님은 존재의 본질적인 차원에서 하나님께 겸손하게 항복하기를 바라시는 것이라고 믿습니다. 지난날 뇌가 다 파괴되었을 때, 사망선고를 받고도 고쳐 살려주신 하나님인데 왜 모르시겠습니까? 하나님은 결정적일 때 건져주시고 살려주시는 구원의 하나님이십니다. 나는 이런 은혜로우신 하나님을 믿습니다."

성공적으로 2차 수술을 받고 퇴원했다. 그러나 여전히 심장 상태는 좋지가 않았다. 몸 관리를 위해 적절한 운동을 꼭 해야 하는데 그것도 불가능하고, 가만히 있어도 시도 때도 없이 심장이 찢어지는 통증으로 머리까지 멍멍할 때가 자주 있었다.

한마디로 아무것도 하지 않고 누워만 있기도 힘든 상태였다. 만일 이런 상태가 지속된다면 참으로 큰일이 아닐 수 없다. 이런 몸으로 무슨 일을 할 수 있으며, 그리고 하루하루를 어떻게 버텨나갈 수 있겠는가! 나는 하늘의 뜻을 기다리는 심정으로 하루하루를 살아야만 했다.

옛 고사성어에 진인사대천명(盡人事待天命)이라고 했다. 사람으로서 할 수 있는 최선을 다한 후에 그 결과는 오직 하늘의 운명을 기다린다는 뜻이다. 이 말 이면에는 "주 너의 하나님을 시험하지 말라"는 말씀이 숨겨져 있다고 볼 수 있다.

심장 혈류가 막혀서 죽음의 냄새를 느끼고 있던 나는 절망감을 느낄 수밖에 없었다. 그래서 반대급부로 내가 소망을 두고 의지할 곳은 환난 날에 나의 피난처가 되시는 하나님 한 분밖에는 없었다. 생명을 내시고 생명을 주관하시는 하나님 한 분만이 참으로 나를 도와주실 수 있는 유일한 나의 구원자이셨고, 나의 힘이요 방패가 되시며, 내가 믿고 의지할 나의 주님, 나의 영광의 칼이 되어 주실 분이었다.

이런 처지가 되다 보니 "심령이 가난한 자는 복이 있나니 천국이 저희 것임이요"(마 5:3)라는 말씀의 뜻이 더욱 단순하게 믿어졌다. 본시 티끌 먼지에 불과한 존재가 바로 나 자신임을 내가 처한 곤고한 환경을 통하여 진실로 고백할 수밖에 없었기 때문이다. 나는 다만 자비하신 은혜의 하나님께서 하나님의 영을 주심으로 살아 있는 사람 생령(生靈)이 되었고, 하나님이 지금까지 살게 하시니 살아 있는 것이라는 사실이 뼈저리게 느껴졌다.

언젠가 하나님이 부르시면 티끌로 돌아가고야 마는 존재, 무엇에서고 막히고야 마는 존재, 병에 막히고 세월에 막히고 돈에 막히고 시간과 공간에 막히고 죄에 막히고 기가 막히고, 그래서 막혀서 죽는 존재가 바로 나 자신인 것을 고백할 수밖에 없었다. 하나님은 교만한 자를 물리치시고 겸손하게 통회 자복하며 은혜를 구하는 자에게 은혜를 베푸신다는 말씀을 붙들고 기도했다(약 4:6). 이 말씀이 나의 말씀으로 체험될 수 있기를 소원하며 간구했다.

하나님은 분명히 말씀하시는 하나님이시다. 그리고 나를 만나주시고 교훈하시기 위하여 때로는 시련의 어두운 밤이라는 사건들을 통해서 친히 찾아오시고 말씀하시는 주님이시다. '하나님은 이 사건들을 통해서 무엇을 말씀하시고자 하는 것일까?' 물으면서 믿음을 지키려고 몸부림을 쳤다.

나는 지금까지 나의 특이한 병상체험을 간증 형식으로 증언하고 있다. 그 이유는 어찌하든 풀지 않으면 안 될 수수께끼 같은 시련의 어두운 밤 앞에서 지나온 병상체험이 무슨 위로와 격려가 될 것 같기 때문이다.

5

막힌 심장혈관을
새 혈관으로
바꾸어 주시다

2013년 12월 1일, 또다시 재발한 심장병은 불가피하게 3차 심장수술을 강요하기에 이르렀다. 이는 경제적으로도 부담되는 일이지만 그보다 더 고통스러운 것은 목사로서 자존심이 무척 상한다는 데 있다.

매일같이 건강하기를 소원하고 기도하는데, 어째서 1년에 두 번씩이나 심장 수술을 하지 않으면 안 되나 하는 자괴감이 저절로 들고, 혹시 하나님께 버림받은 것은 아닐까 하는 의심마저 불현듯 찾아오는 것이다. 정말 남 보기가 창피하고 부끄럽다는 생각을 떨쳐버릴 수가 없어 괴로웠다. 이와 같은 감정의 변화는 이런 일을 당해 본 사람이 아니면 알기 어려울 것이다.

수술 전 한 주간은 시도 때도 없이 심장에 통증이 왔는데, 머리가 핑 돌며 어지러워 몇 번이나 넘어질 뻔했다. 한 순간 두 번이나 눈앞이 캄 캄해지면서 시야가 흐려지더니 아무것도 보이지 않았다. 눈을 멀쩡히 뜨고 있는데도 앞이 보이지 않는 경우는 난생 처음이었다. 순간 놀라기도 했지만 원인을 알 수 없어 근심이 더 커졌다. 잠시 후에 시력이 천천히 돌아왔는데 여전히 눈이 침침하여 운전을 멈추기까지 했다.

그날 오후, 가평에 우리 집을 짓고 계시는 오 집사님과 점심을 먹으면서 이 얘기를 하니까 그는 버럭 화를 내면서 이렇게 말하는 것이었다.

"목사님! 병원 안 가고 왜 여기 계십니까? 죽은 다음에 이 전원주택이 무슨 소용 있습니까? 내가 목사님을 위하여 이런 아름다운 집을 지어드리면 무슨 소용 있습니까? 도대체 무엇이 우선순위입니까? 이렇게 어리석고 무책임하면 안 되지요. 나 일 안 해도 좋고 못해도 좋습니다. 다 집어 치우겠습니다."

오 집사님은 일하다 말고 만사 제쳐놓고 자동차 키를 뺏어 강제로 세브란스 응급실로 차를 몰았다. 오 집사님은 미국에서 두 차례나 심장에 좋다는 셀레늄, 카퍼, 오메가3를 사다 주시면서 지대한 관심으로 나의 건강을 챙겨주셨고, 금번에는 마치 자기 살 집을 짓듯 내가 살 집을 온힘과 정성을 다해 지어 이제 거의 마무리 단계에 접어들고 있던 참이었다.

중환자실로 옮겨진 나는 집중적인 검사에 들어갔다. 혈압뿐만 아니라 간, 콩팥 수치도 기준치를 훨씬 넘어서고 있었다. 특히 심장박동 수치는 60~80은 되어야 하는데 30~40 사이를 왔다 갔다 하면서 빨간 불이 들어왔다 나갔다 했다. 심장이 온몸에 피를 제대로 공급해 주지 못하니까 어지러운 증세가 나타났던 것이고, 한계치를 넘어서자 앞이 보이지 않았던 것이다. 이것이 잘못되면 쓰러져 의식을 잃어버리고 목숨까지 잃을 수도 있다는 것이었다.

김병극 심장내과 선생님은 나와 함께 수술 영상을 지켜보면서 나의 심장 상태를 자세히 설명해 주셨다.

"심장이 너덜너덜합니다. 심장이 전반적으로 나쁩니다. 어떻게 이렇게까지 나빠질 수 있는지 알 수가 없습니다. 사람에게는 굵은 관상 대동맥이 3개 있는데 좌측의 것은 아예 막혀서 폐쇄되었습니다. 가슴을 열고 다리 심줄을 떼어다 붙이는 심장 우회수술도 불가능할 정도로 망가졌습니다."

"우측의 것 두개 모두 막혀서 스턴트를 박아 혈관을 확장시켜 놓았는데, 99년도에 시술했던 부위가 또다시 막혀서 목숨이 위태로울 정도입니다. 3차 수술에서는 이 부분을 다시 뚫을 예정입니다. 수많은 잔가지 혈관들은 이미 딱딱하게 굳어 죽었고, 폐쇄된 쪽의 심장근육은 살아 있는 것조차 느리게 움직일 뿐입니다. 그러니까 온전치 못한 두 개로 세 개 역할을 감당해야 하니 수술을 해도 가슴이 깨끗지 않고 평생 고통을 짊어지고 갈 수밖에 없습니다. 험난한 치료가 예상됩니다. 절대 안정을 취하시고 극히 조심하시며 이제 모든 것을 내려놓으시기 바랍니다."

주치의 선생님의 이 말은 세상적인 방법의 한계를 거듭 확인한 것이어서 한편으론 낙심이 되었다. 그러나 또 다른 한편으로는 전적으로 하나님만 의지하는 기회가 된다고 생각했다. 하나님이 뜻하시고 원하시면 죽은 자도 살리시고 없는 것도 있는 것처럼 불러내실 수 있는 능하신 주님이시기 때문이다.

'하나님만이 불가능을 가능하게 하시니 어찌되었든지 하나님만 바라보면 되는 것 아니겠는가' 하는 생각이 들었다. 마음가짐을 그렇게 해야만 심령의 평정을 잃지 않을 것 같았다. 어떤 경우에도 하나님이 함께하시기만 하면 살든지 죽든지 상관없이 다 좋다는 믿음은 정말 귀한 믿음이다.

하나님이 사랑하시고 위로하시고 힘을 주시면 그 누가 하나님 사랑에서 끊을 수 있겠는가! 설령 내가 지금 죽더라도 감사한 것은 구원의 하나님이 나와 함께하시고 나를 받으시어 천국으로 인도하실 터이니 무엇이 두려워 떨 것인가 하는 믿음은 세상도 이기고 마귀도 이기는 믿음임에 틀림없다는 생각이 들었다.

하나님의 믿음 안에서 모든 것을 하나님의 뜻으로 받아들이는 것이 믿음 아니겠는가 하고 자문자답하면서, 모든 것을 하나님께 맡기고 그 무슨 속박에서도 자유로운 마음을 가지리라 결심했다.

나는 수시로 이렇게 기도하기를 즐겨한다.

"하나님! 제게 주님의 뜻과 섭리가 계시다면 이를 이루시기까지 함께하시고 살려주소서. 심장을 통째로 새 심장으로 바꾸어 주십시오. 그러면 살아 계신 주님을 힘 있게 간증하며 하나님의 살아 계심을 나타낼 수 있지 않겠습니까? 앞이 막히고 옆이 막히고 밑이 막히고 동서남북이 막힐지라도 절망하지 않을 것은 위에 계신 영광의 하나님을 바라볼 수 있기 때문입니다. 생명과 구원의 하나님이 함께하시기만 하면 하늘이 무너져도 솟아날 구멍이 있지 않겠습니까?"

시편을 쓴 다윗도 똑같은 심정이었을 것이다.

"여호와여 내가 소리 내어 부르짖을 때에 들으시고 또한 나를 긍휼히 여기사 응답하소서. 너희는 내 얼굴을 찾으라 하실 때에 내가 마음으로 주께 말하되 여호와여 내가 주의 얼굴을 찾으리이다 하였나이다. 주의 얼굴을 내게서 숨기지 마시고 주의 종을 노하여 버리지 마소서. 주는 나의 도움이 되셨나이다. 나의 구원의 하나님이시여 나를 버리지 마시고 떠나지 마소서.

내가 산 자들의 땅에서 여호와의 선하심을 보게 될 줄을 확실히 믿었도다. 너는 여호와를 기다릴지어다. 강하고 담대하며 여호와를 기다릴지어다. 내가 하나님께 바라는 한 가지 일, 그것을 구하리니 곧 내가 내 평생에 여호와의 집에 살면서 여호와의 아름다움을 바라보며 그의 성전에서 사모하는 그것이라. 여호와께서 환난 날에 나를 그의 초막 속에 비밀히 지키시고 그의 장막 은밀한 곳에 나를 숨기시며 높은 바위 위에 두시리로다. 이제 내 머리가 나를 둘러싼 내 원수 위에 들리리니 내가 그의 장막에서 즐거운 제사를 드리겠고 노래하며 여호와를 찬송하리로다"(시 27:4-14 요약).

드디어 3차 수술이 시작되었다. 심혈관 확장 시술은 최첨단 현대 의학 장비가 만들어져서 가능해진 획기적인 방법으로서 국부마취 상태에서 카메라를 장착한 관이 대동맥을 타고 심장 부위까지 들어가면서 혈관상태를 명확히 확인할 수 있도록 조영제를 뿌려주면서 촬영을 하고, 이를 토대로 막힌 혈관 부위에 스턴트를 박아 피가 원활하게 흐를 수 있도록 통로를 뚫어주는 시술이다. 99년도에 시술한 부위가 또다시 막혔지만 무사히 성공적으로 뚫었다. 그것은 일반적인 의술의 결과로서 누구나 다 그렇게 하는 평범한 것이다.

그런데 수술을 진행하던 김병극 주치의 선생님이 오셔서 자기 자신도 도무지 알 수 없는 놀라운 현상이 나타났다고 했다. 수술을 진행하는 컴퓨터 화면에는 2013년 2월의 심장 화면과 지금 3차로 시술하고 있는 심장 화면을 한눈에 비교할 수 있도록 준비되어 있었다.

"목사님, 재미있는 일이 생겨났습니다. 지난번 1999년 2월에 막혔던 혈관을 뚫은 적이 있는데, 스턴트를 박은 혈관 바로 그 위에 있는 종전의 혈관을 잘 보시지요. 보이다 안 보이다 하는 이 혈관은 보시는 바와 같이 막힌 혈관이라 너무나도 가늘고 길어 시술할 수도 없는 혈관인데, 지금 보고 있는 이 혈관이 바로 지금 수술하고 있는 심장에 있는 혈관 가운데 하나인데, 어찌된 일인지 굵고 길게 뻥 뚫린 건강한 혈관으로 변화되어 있습니다. 저 혈관이 지금 이렇게 굵고 뻥 뚫린 혈관으로 변모되어 있다는 것은 상식적으로 납득하기 어려운 참으로 놀라운 일입니다. 어떻게 이렇게 바꾸어질 수 있는지 설명하기가 어렵습니다."

"만일 이것이 자연치유된 것이라면 정말 재미있는 일이 생긴 것입니다. 어쩌면 스턴트 수술로 혈류가 원활하게 되니까, 지금보고 있는 이 막힌 가늘고 긴 혈관에도 영향을 주어서 혈관 벽에 붙어 있던 더럽고 탁한 찌꺼기 피를 밀어내고, 그 결과 지금 이렇게 굵고 뻥 뚫린 새 혈관이 되었는지도 모르겠습니다. 또한 그런 과정에서 혈관이 압박을 받아 심장 고통이 더 심했는지도 모르겠습니다. 아무튼 재미있는 일이 생겨난 것입니다. 어찌되었든 분명한 것은 심장혈관이 이전보다 더 좋아졌다는 사실입니다. 우리는 목사님께 사람이 할 수 있는 최선의 일을 다 했으니까 너무 걱정 마시고 마음 편히 가지시고 몸을 잘 돌보시기 바랍니다."

주치의 선생님은 의사로서 말할 수 있는 정당한 의학적 소견을 내놓았다고 생각한다. 그러나 하나님이 어떤 분이신가를 잘 알고 있는 나는 여기에 만족할 수는 없었다. 살아 계신 하나님께서 친히 나의 목소리를 들으시고, 자비하시고 긍휼하신 은혜를 베풀어 주신 것이다. 기이한 신유(神癒)와 이적(異蹟)을 나타내시는 주님의 능력의 손으로 병든 내 심장을 어루만져 고쳐 살려주신 것이다. 내 영혼을 소생시켜 주시고, 자기 이름을 위하여 의(義)의 길로 인도하사 내 육체까지도 신유의 손길로 어루만져 주셨다고 고백하지 않을 수 없다. 때마다 일마다 도우시는 하나님의 은혜가 아니고서는 그 누구도 이를 제대로 설명할 수는 없을 것이다.

심장수술 현장에서 "재미있는 일이 생겨났네요."라는 주치의선생님의 말을 우리 가족도 들었고 나도 들었지만 처음에는 도무지 실감이 나지 않았다. 그리고 뭐가 뭔지 전혀 알 수가 없었다. '조금 전까지만 해도 극심한 고통으로 수술대에 올랐는데, 수술을 마치기도 전에 심장이 이전보다 좋아졌다니 이건 또 무슨 말인가? 좋아졌다면 얼마나 어떻게 좋아졌다는 것일까?' 하는 궁금한 마음으로 퇴원을 했다.

그런데 참으로 놀라운 사실은 나는 지금 15년 만에 잃어버린 가슴의 평화를 되찾았다는 것이다. 예전에는 조금만 무리해도 가슴이 편치 않고 무거운 부담감을 가졌었는데, 이제는 마치 바람 한 점 없는 고요한 호수같이 평온했다. 조금만 힘들고 스트레스를 받아도 늘 왼쪽 팔이 무겁고 저렸었는데, 그런 증세도 감쪽같이 온데간데없이 사라졌다. 얼마 전까지만 해도 어떤 일도 할 수가 없었다. 조금 빨리 걷거나 겨울에 눈을 쓰는 일 조차도 어려웠다. 그런 내가 새로 지은 전원주택에 3.5톤 분량의 나무들을 나 혼자서 삽과 곡괭이로 다 심었고, 채마밭을 뒤집어엎어 푸른 채소를 가꾸었다.

이 모든 일을 끝마칠 동안 나는 단 한 번도 가슴이 아프지 않았고, 그야말로 펄펄 날아다니며 하루 종일 신나게 일을 했다. 팔다리에 알이 배고 피곤해서 입안이 헐어 밥 먹기가 힘들지언정 가슴은 멀쩡했다. 그리고 매일 1시간 이상 7km를 걷고 뛰었다. 이런 생활 자체가 기적이 아닐 수 없었다.

나는 정말 꿈을 꾸고 있는 것 같았다. 당면한 경제적인 어려움이나 시급히 해결하지 않으면 안 되는 문제들을 만나도 크게 걱정되지가 않았다. 어찌되었든 하나님이 도와주시고 해결해 주시리라는 설명할 수 없는 그 어떤 담대한 믿음이 생겨났기 때문이다. 참으로 감사한 것은 3차 심혈관 수술 과정을 통해서 다시 한 번 '하나님은 기도를 들으시는 구원의 하나님 아버지' 이심을 체험하고 간증할 수 있게 되었다는 것이다.

말라기 선지자는 다음과 같이 말했다.

"내 이름을 경외하는 너희에게는 공의로운 해가 떠올라서 치료하는 광선을 비추리니 너희가 나가서 외양간에서 나온 송아지같이 뛰리라"
(말 4:2). 병든 몸에서 자유를 얻은 이 구원 사건은 하나님이 살아서 역
사하시는 이적(異蹟)과 기사(奇事)와 표적(標的)이 아닐 수 없었다(요
4:48). 이는 몸의 건강을 회복했다는 것 그 이상을 뜻한다. 하나님의
빛의 세계를 다시 한 번 은혜로 받게 되고, 몸으로 체험하게 되어 하나
님을 나타낼 수 있게 되었다는 것을 의미한다. 내가 믿고 섬기는 하나
님을 더욱 가까이 체험으로 알게 되었다는 것은 '한 입 가득 베어 문
레마' (말숨 산문집 제1권 제목)의 확증이요, 최고의 기쁨이자 감사이
며 감격이다.

하나님의 '말씀' 은 신약성경 헬라어 원문에 로고스(logos)와 레마
(rhema)를 번역한 것이다. 그렇다면 로고스와 레마의 차이는 무엇인
가? 요한복음 1장 1절에 "태초에 말씀이 계셨으니 이 말씀은 곧 하나
님이시라" 에서의 '말씀' 은 '로고스' 다. 하나님은 말씀으로 오시기 때
문에 말씀이 곧 하나님이시다. 로고스는 객관적인 하나님 그 자체, 하
나님의 뜻, 하나님의 법, 하나님의 영적 원리 같은 것, 말하자면 하나
님의 말씀 그 자체다.

반면에 '레마' 는 하나님의 말씀인 '로고스' 가 내 영혼에 부딪쳐왔
을 때, 그 어떤 영적 감화 감동이 되어 믿음이 되고, 나의 영혼 내면에
울리는 하나님의 음성이 될 때의 '말씀' 을 뜻하는 것이다.

다시 말하자면, 말씀을 들었을 때 심령이 뜨거워지면서 죄를 통회

자복하게 되고, 내 생각이나 가치관이 천지개벽을 하듯 변화와 능력을 경험하게 하는 말씀으로 다가올 때 그 말씀을 '레마'라 한다.

하나님은 거룩하신 말씀으로 자신을 나타내시는 인격적인 하나님이신데, 우리가 말씀에 순종하면 하나님 그 자체를 만나는 것과 똑같은 일이 생겨난다. 말씀이 곧 하나님이시기 때문이다. 하나님이 우리 삶 가운데 나타나 주시고, 만나 주시고, 무엇인가를 도와주신다면 그것으로 만족스러운 결말을 보게 되지 않겠는가? 살든지 죽든지, 그 어떤 일이 내 바람대로 되든지 안 되든지 그것과는 상관없이 하나님의 뜻이 정녕 내게 이루어진다면 그것이 최상의 완결(完結) 아니겠는가?

믿음의 세계란 당장 눈앞에서 되어지는 것만 바라보는 것이 아니라 역사 너머의 세계, 이를테면 영원하신 하나님의 나라까지 바라보면서 믿고 소망하고 사랑하는 것이 아니겠는가!

말씀이 우리 가운데 살아서 역사(役事)하신다는 말은 바로 그런 뜻이다. 이렇게 되기 위해서 밧모 섬에 유배된 사도 요한은 천사가 주는 말씀을 받아먹었고, 에스겔 선지자도 말씀을 먹었다. 천사가 전해 준 두루마리에 쓰여진 말씀을 먹고 소화하여 자기 말씀이 되도록 했던 것이다(겔 3:1-3; 계 10:5-11). 사도 바울도 '내 복음'을 전파한다고 했는데, 이는 그가 하나님의 말씀을 먹고 소화하여 자기 말씀이 되어진 체득된 말씀을 전한다는 의미다(갈 1:11). 음식물인 밥을 '로고스'로 비유한다면, 그 밥을 내가 먹고 나의 피와 살이 되어 기력(氣力)을 회복시킨다면 '레마'로서의 하나님 말씀이 내 안에서 역사하신 것이다.

배고픈 사람이 눈앞에 있는 밥을 보고도 먹지 않는다면 굶어서 죽을 수밖에 없다. 밥이 없어 죽는 것이 아니라 밥을 먹지 않아서 죽는 것이다. 똑같은 이치로 우리에게 하나님이 없어서 문제가 아니라 하나님을 믿지도 않고 등지기만 하니까 문제가 되는 것이다.

내 영혼에 '레마'의 말씀으로 들려지지 않는 '로고스'의 말씀이란 존재할지라도 나와는 상관이 없는 '그저 있는 좋은 말'에 불과할 따름이다. 예수님의 '영원한 생명의 말씀'이 공자나 맹자의 '좋은 말'과 전혀 다른 것은 바로 거기 있다. 죽은 자도 살리는 권세 있는 하늘에서 온 생명의 말씀이 어떻게 윤리도덕적인 '좋은 말'과 수준을 같이할 수 있겠는가! '말'과 '말씀'은 그 개념이 하늘과 땅처럼 수준이 전혀 다른 것이다.

그러므로 로고스의 말씀이 레마의 말씀으로 들려지지 않는다면 전능하시고 자비하신 하나님이 분명 살아 계실지라도 '나를 구원하시는 나의 하나님'으로는 경험되지 않는 것이다. 하나님이 나와 함께하시면 무슨 일이든지 일어날 수 있다. 하나님은 없는 것도 있는 것처럼 불러내시고, 죽은 자도 살리시는 전능하신 여호와 하나님이시기 때문이다(롬 4:17).

나는 전적인 하나님의 은혜로 덤으로 사는 인생이다. 하나님은 벌써 죽어서 썩어 없어져야 했을 나를 두 번이나 하나님의 은혜로 사선을 넘게 하셨다. 내게 오신 그 말씀은 나를 살려주신 구원의 하나님이셨다. 지금 이 순간 살아 있다는 것만으로도 감사하고, 감개무량하기 그지없다. 이렇게 살아남아서 '하나님만이 나의 구원이시며 나의 전부이신 나의 주님' 이라고 증언하는 사명으로 살고 있다는 것이 너무나 감사하고 행복하다.

나는 이 말씀을 체험하고 오늘의 내가 되었다.

내가 지금까지 쓴 '말숨' 산문집(8권)은 그 말씀 체험을 바탕으로 쓰여진 특별한 책이다. 나는 내가 경험하고 체득한 말씀을 '말숨' 으로 표현했다. 이는 사람이 전파하는 하나님의 말씀에 하나님의 숨결, 곧 하나님의 거룩하신 '영' (히브리어 '루아흐')이 흐르고 있다는 것을 강조한 것이다.

나의 간증을 들은 어떤 자매님은 이런 문자를 보내왔다.

"정말 감사할 일이네요. 새롭게 온전히 치유해 주십사고 기도했는데…아멘!"

또 어떤 목사님은 이런 격려 문자를 보내 주셨다.

"고생 많으셨습니다. 감사하구요. 이전보다 더 건강한 모습으로 놀랍고 재미있는 일이 많이 생길 줄 믿습니다. 빠른 회복을 위해 기도합니다."

나는 하나님이 하시는 일에 대해서 아무것도 설명할 수가 없다. 언제 어느 순간에 왜 어떻게 그런 일들이 생겨났는지 도무지 알 수가 없다. 그러나 한 가지 명확하게 아는 것이 있다. 그것은 결론을 아는 것이다. 살아 계신 자비하신 하나님이 나를 긍휼히 여겨 주셔서 나를 특별히 만져주셨고, 고쳐주셨고, 살려주셨다는 그 결론 말이다.

이것은 궁극적인 미래에 있을 천국에서의 부활영생 구원을 내가 체험했다는 사실과도 연결되는 문제다. 하나를 보면 열을 안다고 하지 않던가! 내가 하나님을 위하여 가능한 일을 하면 주님은 나를 위하여 불가능한 일을 해주신다(창 22:16-18)는 영적인 비밀도 조금은 알 것 같다.

하나님을 사랑하는 자, 곧 그 뜻대로 부르심을 입은 자에게는 모든 것이 합력하여 선을 이룬다는 말씀도 체험하였다(롬 8 : 28).

하나님이 나를 이렇게 살려주셨구나!

구원이란 이런 것이구나!

하나님이 도우시고 역사하신다는 것이 바로 이런 것이구나!

하나님이 기도를 들으시고 응답하신다는 것이 이런 것이구나!

천국의 소망이라는 것이 이런 것이구나!

'봄이 오면 마른 잎 되살아나듯이 죽은 자의 부활도 하나님이 다 그렇게 하시는 것이겠지. 내 귀에 들리는 것이 아무것도 없고, 내 눈에 보이는 것이 아무것도 없고, 하나님이 어떻게 일하시는지 그 어떤 사인이나 징후를 오관으로 느끼거나 알지 못하지만, 어느 순간 갑자기 하나님이 친히 오셔서 만져주시면 어떤 일이건 일어날 수 있는 것이겠지……'. 하고 확증하여 믿게 해주시는 것이다.

우리가 믿는 하나님의 믿음은 이런 것이 되지 않으면 안 된다. 추상적이고 관념적인 믿음만큼 위험하고 손해나는 거짓된 믿음은 없다. 사람들은 하나님이 어디 계시는가, 하나님이 어떻게 일하시는가 하면서 방황하고 있다. 그것은 관념체계에 묶여있기 때문이다. 성경 말씀을 어린아이 같은 겸손한 마음으로 읽고 깊이 묵상하며, 하나님 말씀으로 그대로 받기만 하면, 그 즉시 믿음이 되고 살아 계신 하나님 아버지를 만나게 될 것이다.

하나님은 아무 보잘것없는 나로 하여금 은혜 주셔서 이런 '말숨' 글을 쓰게 하심으로 살아 계신 하나님을 드러내고 나타내게 하시려는 뜻이었음을 나는 믿는다. 이는 나의 특별한 신앙고백이기도 하다.

나는 내 자신을 누구보다도 잘 알고 있다. 아무것도 내세울 것이 없는 사람, 내 힘으로는 하루 밥 세끼 먹기도 버겁고 실수투성이에다가 부끄러운 자화상들만 생각나는 부족한사람이다.

그런데 지금 내게 주어진 모든 것들을 보면 아무 부족함이 없다. 하나님은 내 영혼을 소생시켜 주셨고, 하나님 자신의 이름을 위하여 의

(義)의 길로 인도하여 주셨다. 하나님께서는 분에 넘치는 너무도 후한 대접을 해주셨다. 방 한 칸으로 신혼을 차리고 시작한 결혼생활 동안 지금까지 이런저런 이유로 이사를 15번이나 해야 했는데, 지금은 꿈에나 그릴 수 있는 지역에 터를 잡고 분에 넘치는 만족스러운 집을 짓고 살게 되었다.

이는 주님께서 환경을 열어 주시고, 돕는 사람을 만나게 해주시고, 일이 되도록 도와 주셔서 가능해진 결과물이라는 것을 나는 누구보다도 잘 안다. 그러니까 하나님의 은혜로 어느 순간 갑자기 되어진 일들이다. 지난 15년 동안 건강을 잃어버리고 고통 속에 살던 내가 어느 날 갑자기 건강을 되찾고 살아 계신 하나님을 찬양하게 된 것과 마찬가지다.

"하나님을 사랑하고 기뻐하는 자는, 하나님께서 선한 목자가 되어 주셔서 그 일생에 푸른 초장 맑은 시냇물가로 인도하시니 내게 아무런 부족함이 없으리로다" 라는 다윗의 고백이 우리 모두의 복된 신앙 고백적인 말씀이 될 수 있기를 주 예수님 피 흘리신 공로 의지하여 축원합니다. 할렐루야! 모든 영광 하나님께 돌려드립니다. 감사합니다.

6

두통을 말끔히
고쳐주시고 말숨 글을
쓰게 하시다

나는 말숨 글을 쓰기 시작한 2008년 5월 30일 이전까지 10년 가까이 글쓰기를 포기하고 살아왔다. 정신을 집중하여 책을 읽거나 글을 쓰면 머리가 몹시 아파 왔고, 짜증이 나서 견디지 못했다.

그리고 글 한 편 억지로라도 쓰고 나면 몸이 무너져 내리는 듯 녹다운 상태가 되어 아무 일도 할 수가 없었다. 지나치게 피곤하여 그대로 뻗어버리는 것이었다. 반면에 육체노동은 아무이상 없이 능히 해내었다.

책을 읽는다거나 글을 쓰는 등 정신노동을 주로 해야 하는 목회자로서 이는 치명적인 심각한 일이 아닐 수 없었다. 나를 곤혹스럽게 하는 이런 몸 상태를 벗어나고자 노력했지만 어떤 대책도 없었다. 결국 글쓰기도 포기하고 설교도 간명하게 큰 그림만 대충 잡아놓고 전하는 식으로 바꾸어야만 했다. 늘 마음이 공허하고 허전했다. 남는 것이 없기 때문이다.

그러던 어느 날 하나님께서는 신기한 은혜를 주셨다. 2008년 5월 30일, 원주에서 목회하시는 김 목사님께서 자신이 쓴 신앙수필《기다리는 기쁨》이라는 책을 선물로 주려고 우리 교회를 방문하셨다. 저녁식사를 대접한 후 북한강변을 거닐면서 대화를 나누었는데, 내게 건넨 말 한 마디가 도전이 되어 나도 내일부터 매일매일 하루 한 편씩 정직하고 진실된 완성된 글을 써서 하나님께 올려드려야 하겠다는 거룩한 결심을 했다. 오랫동안 글을 쓰지 않던 사람이 매일같이 글을 쓰고, 그것도 완성된 글 한 편씩을 쓴다는 것은 내가 보기에도 사실 앞뒤가 맞지 않는 무모하고도 이상했지만 아무튼 나도 모르게 그런 생각이 불현듯 들었다.

그래서 그 다음날인 5월 31일부터 작심하고 글을 쓰기 시작했는데 놀라운 일이 벌어졌다. 글을 쓰기 시작하면서부터 내 몸은 전과 다르게 전혀 새 것이 되었다. 신기하게 두통도 말끔히 사라졌고, 짜증도 어디론가 자취를 감추었으며, 몇 시간씩 집중하여 글을 써도 맑은 정신으로 거뜬히 소화해 내는 것이었다.

나는 병을 고치시는 하나님의 은혜를 몇 번 체험했지만, 이것 또한 기적 같은 은혜의 사건이 아닐 수 없었다. 글을 쓰기 시작하면서부터 과거가 씻겨 내려가고 새로운 현재가 시작된 것만 같아 감격스런 마음으로 나 자신과 약속했던 것을 그 해가 끝나는 12월 31일까지 지켜낼 수 있었다.

2008년 5월 31일부터 매일매일 하나님을 나타내는 완성된 글은 한 편씩 써서 이메일 독자들에게 하루도 거르지 않고 이메일로 보냈던 것이 그것이다. 이는 무엇보다도 내 두통을 고쳐주신 하나님과 특별히 약속한 것이기도 하고, 무언으로 이메일 독자들과 한 나 자신의 약속이었기 때문에 거룩한 목적과 거룩한 결심으로 최선을 다한 결과물인 것이다.

사실 이런 생각도 들었다. '내가 만일 불성실하고 게을러서 하나님과의 약속을 지키지 않는다면 혹시 예전처럼 다시금 머리가 아플지도 몰라……. 하나님이 벌을 주시면 어쩌지?' 하는 두려움이 그것이다. 이런 것이 복합적으로 작용해서 나는 삶의 제1순위로 매일매일 글 한 편 써서 하나님께 올리는 이 일이 가능해졌다고 생각한다.

목회를 하다 보면 글을 쓰기가 곤란한 경우가 많이 생겨난다. 그럴 때에는 밤 9시나 10시경에 잠을 자고 다음날 새벽 12시나 1시쯤 일어나서 하얗게 밤을 지새우며 글을 쓰고, 늦어도 12시 이전에는 완료하는 식으로 그 해를 살았다. 놀랍게도 그해 연말까지 200일이 약간 넘는 기간 안에 무려 책 네댓 권 분량의 200편이 넘는 '말숨' 글을 쓰게 되었다. 지내놓고 보니까 그 해가 내 인생에서 가장 치열하게 살았던 순간들이 아닌가싶다. 해가 바뀐 2009년부터는 매주일 글 1편 이상은 꼭 쓰는 것으로 생활패턴을 조정했다.

이렇게 쓰여진 말숨 글이 독자들의 호응을 얻어 온라인 통장으로 들어온 조각돈 1,130만 원이라는 적지 않은 출판기금이 마련되었고, 마침내 2010년 1월에 말숨 산문집 제1권《한 입 가득 베어 문 레마》가 탄생하게 되었다.

2011년 3월에 말숨 산문집 제2권《존재로부터 긍정하는 님에게》와 제3권《영이 가난해질 때》가 동시에 출간되었고, 같은 해 9월에는 제4권《영혼의 무게》와 제5권《사람 사는 세상을 위하여》가 동시에 나오게 되었다. 한 해에 4권이 출간될 수 있었던 것은 미리 써둔 원고가 있었기 때문이다.

그리고 2012년 8월에는 제6권《그대 눈물 이제 곧 강물 되리니》가, 이듬해 2013년 9월에는 제7권《그대 안해(安偕), 나의 어여쁜 신부여》가 출간되기에 이르렀다. 현재 두어 권 분량의 원고가 더 있는데, 이것도 기금이 마련되면 하나님의 이름은 어떻게든 전파되어야 한다는 목적성 때문에 반드시 출판될 것이라 믿고 있다.

지난 모든 일들의 진행에는 전적인 하나님의 도우시는 은혜 아니고서는 설명하기 어려울 것 같다. 돈도 되지 않는 말숨 글 쓰는 일에 어떻게 그렇게 성실하게 집중할 수 있었는지, 어떻게 그렇게 매일 매일을 바쳐 삶의 제1순위로 말숨 글쓰기에 열심을 낼 수 있었는지, 그리고 나같이 보잘것없는 사람에게서 단 몇 개월 만에 네댓 권 분량의 책을 쓰는 이런 일이 가능할 수 있었는지, 사실 책이 되리라고는 꿈에도 생각하지 않았었는데 말이다.

매일매일 쓰여진 말숨 글의 타이틀은 '매일매일의 말씀 명상' 인데, 매일같이 완성된 글을 썼기 때문에 말숨 산문집 제1권《한 입 가득 베어 문 레마》같은 경우에는 책 한 권이 정확하게 54일 만에 쓰여진 것이다. 책을 내려다보니까 목록을 선택하여 순서만 바꾸고 약간의 교정을 거친 것 외에는 달라진 것이 없기 때문이다. 그러나 이런 것을 말하면 그 누구도 쉽게 믿으려하지 않고 의아스러워 한다.

나는 추석 명절을 앞두고 갑자기 출판사 기획출판으로《병든 내 몸을 만져주신 신유(神癒)의 손길》(처음 책 제목)이라는 단일주제를 중심으로 책을 한 권 써야겠다는 생각이 들었다. 출판비용이 없기 때문에 출판사가 대신 해주면 되지 않겠느냐는 생각이 문득 들어서 즉시 집필에 들어갔다. 추석 명절을 전후하여 집중하여 책을 쓰기 시작하여 일주일 만에 초고를 끝내고 2~3일 교정을 보아 마무리를 지었다. 교정에 들어갔을 때, 추천사를 써주신 강성률 목사님께서 책 제목을《사명(使命)이 있는 자는 죽지 않는다》가 더 좋아 보인다는 의견을 주셨다.

목회 여정 가운데 나의 특별한 삶과 죽음의 영적 체험을 담은 이 책은 이렇게 갑자기 뜻하지 않게 세상에 나오게 되었다. 나는 글 쓰는 데

천부적인 재능을 가진 사람도 아니고 그렇다고 비범한 실력을 쌓아놓은 사람은 더더욱 아니다. 내가 나 자신을 가장 정확하게 잘 알고 있다. 그런데 어떻게 이것이 가능했을까? 이는 하나님의 도우시는 은혜 아니고는 달리 설명할 길이 없다.

이런 사실을 너무도 잘 알고 있는 나는 말숨 글을 전파하는 소명 때문에 하나님이 나를 특별히 살려주셨다고 신앙고백 한다. 두 번씩이나 죽을병에서 고쳐 살려주신 이유를 아무리 생각해도 다른 데서는 찾을 수가 없기 때문이다. 나는 만나는 사람마다 이메일을 사용하느냐고 묻기를 좋아하고 이메일 주소를 달라고 한다. 나의 존재 목적이라고 해도 과언이 아닌 말숨 글을 함께 나누고 싶기 때문이다.

나를 고쳐 살려 주시고 구원해 주신 은혜의 하나님을 세상에 나타내어 전파하고, 거룩하신 하나님 이름을 기념하고자 하는 단 하나의 목적으로 쓰여진 말숨 산문집은, 이러한 특별한 신앙체험이 배경이 되어 세상에 나왔기 때문에, 나는 지금 말숨 문서선교회를 만들어 사회 복음화에 헌신하고 있다. 내가 말숨 글을 쓰는 이유, 그리고 말숨 글을 전파하는 일에 집착하는 이유가 여기에 있다.

세상의 뭇 영혼들이 진리가 어디 있나, 참된 생명과 궁극의 복이 어디 있을까 하면서 소모적으로 부질없이 여기저기 기웃거리는 것을 보면 안타깝기 그지없다. '제발, 하나님을 나타내는 말숨 글과 만나기만 하면 전혀 새로운 영적인 세계가 펼쳐질 텐데……' 하면서, 말숨 글 전파가 나의 소원이 되는 것이다. 어떤 영혼이라도 말씀 글과 정녕 진실되게 만날 수만 있다면, 그에게 하나님은 내게 나타나 주신 것과 동일하게 나타나주실 것을 믿는다.

두 번이나 죽을 수밖에 없는 병에서 나를 하나님 손으로 직접 만져주셔서 이렇게 멀쩡하게 살아 있도록 은혜 베푸신 하나님은 마침내 그에게도 나타나 주실 것이다. 뿐만 아니라 그 또한 죄의 종살이에서 자유할 수 있고 부활 영생에도 참예할 수 있다고 믿는다.

바로 그 때문에 말씀 글을 교회나 독자들이 접할 수 있도록 널리 알려 주시기를 소원한다. 그것이 사랑을 실천하는 가장 좋은 방법 중의 하나라고 믿는다. 말씀 문서선교회는 그래서 만들어진 것이다. 나는 말씀 산문집 1권을 팔면 1권을 무조건 전국 교도소를 비롯한 이웃과 사회에 무상 기증하는 형식으로 일하고 있다. 이웃을 전도하는 데도 말씀 글은 큰 역할을 할 수 있다고 믿는다. 영적인 하나님의 세계를 알고자 원하시는 모든 분들에게도 매우 유익하리라 생각하기 때문에 이웃에 많이 알려 주시기를 소원한다.

말씀 산문집은 교회에서 성경공부 할 때 부교재로 사용해도 안성맞춤이고 선물용으로 써도 좋고, 전도나 일대일 신앙생활 양육할 때도 유익하게 사용할 수 있다. 말씀 글을 어떻게 하면 쉽게 접근할 수 있을까? 컴퓨터가 어려우면 스마트폰으로 인터넷에 들어가서 '말씀문서선교회'를 검색하면 언제든지 쉽게 차 안에서도 책 9권 분량의 말씀 글을 무상으로 읽고 사용할 수 있다. 그렇게 공짜로 나누어 주면 책을 살 사람이 어디 있겠느냐고 이의를 제기하는 분들도 있었지만 나는 생각이 다르다. 어찌하든지 말씀 글을 전파하는 데 목적이 있지 나는 책을 파는 장사꾼이 아니기 때문에 그런 이유로 책을 사주지 않는다면 그런 분에게는 책을 팔지 않아도 된다는 것이 그것이다. 또한 말씀 문서선교회 사이트 가입을 유료로 하면 독자들의 접근이 쉽지 않고 그러면 그만큼 천국복음 전파에 방해가 되기 때문에 나는 모든 것을 무료로 열어놓았다. 진정 말씀 글의 가치를 알아주고 사랑해 주는 교회나 독자들의 힘에 의해서만 자연스럽게 하나님의 일이 진행되기를 바라기 때문이다.

이 하나님의 일은 어느 한 개인이 감당하기에는 재정적인 어려움이 있다. 이 일에 한국 기독교회가 교파를 초월하여 함께 참여하고 같이 기도하며 일할 수 있기를 원한다. 뜻있는 교회들이 말씀 문서선교회 회원교회가 되어 주실 수 있다면 가장 바람직스러운 최선이 될 것이다. 많지는 않더라도 개교회 수준에 적합한 사회 복음화를 위한 예산 기금을 정성껏 편성해 주시고 지속적으로 후원 헌금해 주신다면 가장 효율적인 하나님의 선교가 이루어질 것이라고 확신한다.

사회 구석구석에 말씀 글이 전파되어 뭇 영혼들이 살아계신 하나님 품으로 돌아오고, 성도님들의 믿음 또한 반석 위에 굳게 서는 축복이 있기를 우리 주 예수 그리스도의 공로 의지하여 기도드린다.

7

요로결석도
홀연히
사라지게 하시다

내친 김에 한 가지 더 간증하지 않을 수 없다. 나는 요로결석으로 10년 이상 고통을 겪어야만 했다. 그 오랜 세월 동안 3~4개월을 주기로 이상하게도 요로결석이 찾아왔는데 산통, 치통에 비견되는 그 고통은 말로 표현키가 어렵다.

왜 나만 유독 요로결석이 주기적으로 찾아와서 고통당해야만 하는가 싶어 억울한 마음이 들었다. 그런데 전문의조차도 특별한 이유를 속 시원하게 말해 주지 못했고, 단순히 음식물섭취에 문제가 있는 것도 아니라는 것을 알게 되었다.

나는 이를 고쳐 보려고 백방으로 노력했으나 답이 없었다. 세브란스 병원과 그 외 가까운 비뇨기과에서 몇 번 수술을 시도했으나 레이저로 쏘려고 하면 그 순간 돌이 숨어서 실패하고 돈만 낭비했다. 의사 선생님도 별 방법을 찾을 수 없었다. 몇 번 실패하고 돈만 허비하자 이제는 병원에 갈 생각을 아예 포기하고 진통제를 먹고 요로를 통해 돌이 자연적으로 나올 때까지 몸으로 버텨야 했다.

현대의학이 얼마나 발달했는데 몸으로 때우면서 기다리는 것 외에는 별수 없다니 이게 말이 되는가? 그런데 이것이 당면한 고약한 현실이고 의사 선생님도 별 방법이 없다고 손을 놓아버리는 것이었다.

질병도 갖가지이고, 사람이 얼마나 연약한 존재인가를 새삼 느꼈다. 견디다 못해 새벽에 진통제라도 맞으려고 병원으로 실려 가기를 몇 번이나 했다. 평생 주기적으로 이런 고통을 감내해야만 한다니 두려울 정도였다.

그러던 어느 날 한 친구가 뜸을 떠보라고 권했다. 도무지 믿기지는 않았지만 그렇다고 이것저것 따질 문제도 아니었다. 2013년 2월, 2차 심장 수술을 받고 집에 온 나는 뜸을 뜨고 효력을 기대하면서 기다렸다. 그런데 어찌된 일인지 1년 하고도 7개월이 지난 지금까지 단 한 번도 요로결석이 찾아오지 않고 있다. 그 오랜 세월 요로결석 때문에 주기적으로 고통을 겪어야만 했던 내게 이는 참으로 복된 치유가 아닐 수 없다. 이 신기하기 이를 데 없는 요로결석에서의 해방 역시 뜸의 효력 때문이라기 보다는 하나님이 친히 만져주신 신유의 손길이라고 믿는다.

나는 그동안 내 몸에서 나온 돌덩어리를 여러 개 큰 것만 골라서 보관하고 있는데, 어떤 돌은 너무 커서 이것이 요로관을 통해서 나왔다는 것이 신기하게 생각될 정도다. 어찌되었든 어느 날 갑자기 요로결석이 내 몸에서 사라졌다는 것은 하나님의 놀라우신 은혜가 아닐 수 없다.

아무튼 하나님은 내게 이런 식으로 은혜 베푸신 것이 한두 가지가 아니다. 좋은 아내와 반듯한 자식을 주심으로 말미암아 넉넉하게 살지는 못할지라도 우리 가정은 특별한 기쁨과 특별한 행복으로 살고 있다. 내 힘만으로는 풀어나가기 어려운 생존의 문제도 해결해 나갈 수 있도록 은혜를 주셨다. 죽을 수밖에 없는 병든 몸도 고쳐주시고 살아 계신 하나님을 나타내는 말씀 글도 쓰게 하셨다. 글도 글 나름인데, 내가 허구의 세계를 창작해 내는 소설 같은 글을 쓰지 않고 진실무망하신 살아 계신 하나님을 나타내는 말씀 글을 쓰게 된 것에 대해 특별히 다행스럽고 감사한 마음이 든다.

"땅이 스스로 열매를 맺되 처음에는 싹이요 다음에는 이삭이요 그 다음에는 이삭에 충실한 곡식이라 열매가 익으면 곧 낫을 대나니 이는 추수 때가 이르렀음이니라"(막 4:28-29)라고 예수님께서 말씀하셨는데, 이는 마치 내게 일어났던 은혜의 사건들을 두고 하시는 말씀 같다는 생각이 든다.

다 하나님이 하신 일들이라고 고백할 수밖에 없다. 내가 한일이라고 는 하나님을 바라본 것밖에는 없기 때문이다. 살든지 죽든지 긍휼하 신 주님의 은혜를 구하고, 어찌되었든지 간에 하나님의 뜻을 구하고, 하나님의 뜻과 섭리가 있으면 안 되는 것도 될 수 있다는 믿음을 소유 한 것밖에는 없다. 이것이 무상으로 거저 주시는 하나님의 은혜요 구 원이다.

세상천지에 하나님의 손길이 닿지 않은 곳이 없다. 기기묘묘(奇奇 妙妙)하게 생긴 갖가지 꽃과 나무들, 끝없이 펼쳐진 밤하늘의 반짝이 는 별들과 태고의 신비를 머금은 깊은 계곡 골짜기……. 그 어느 것 한 가지 하나님의 손길이 닿지 않은 것이 없다. 그래서 하나님을 가리켜 창조의 근본이시요 만유의 주재이신 하나님 아버지라고 부른다. 하나 님은 모든 생명과 만물의 시작과 끝, 그러니까 모든 것의 조상 곧 아버 지라는 뜻이다. 하나님께서 "있으라!" 명령하시니 말씀 그대로 되었 던 것이다. 생명과 죽음까지도 하나님이 명하시고 섭리하신 결과물들 이다. 그 하나님을 떠나서 우리가 무엇인들 제대로 알 수 있을 것이며 참된 행복과 구원 또한 찾을 수 있겠는가!

눈을 들어 하늘을 바라보고, 눈을 감고 고요히 경건한 마음으로 묵 상해 보라. 분명 하나님이 내 안에서 말씀하시는 세미한 음성이 들릴 것이다. 하나님께서 우리 마음에 들어오시는 순간 무엇 하나 신비롭 지 않은 것이 없다는 사실을 새삼 깨닫게 될 것이다.

봄기운은 소리도 없이 찾아온다. 자고 일어나면 싹이 돋아나 있고, 또 자고 일어나면 아기 손 같은 잎새가 달려 있고, 또 자고 일어나면 꽃망울이 터져 있다. 아! 조금만 더 있으면 곧 꽃도 피고 열매도 맺으리라.

'내가 한 일이라고는 하나님이 하시는 일에 눈곱만큼도 안 되는 지극히 작은 마음 하나를 드린 것뿐인데……. 다 하나님이 하셨습니다!' 라는 영혼의 외침은 진실한 나의 신앙고백이다.

"나의 힘이신 여호와여 내가 주를 사랑하나이다. 여호와는 나의 반석이시요, 나의 요새시요, 나를 건지시는 이시요, 나의 하나님이시요, 내가 그 안에 피할 나의 바위시요, 나의 방패시요, 나의 구원의 뿔이시요, 나의 산성이시로다. 내가 찬송 받으실 여호와께 아뢰리니 내 원수들에게서 구원을 얻으리로다……내가 환난 중에서 여호와께 아뢰며 나의 하나님께 부르짖었더니 그가 그의 성전에서 내 소리를 들으심이여 그의 앞에서 나의 부르짖음이 그의 귀에 들렸도다.(시 18:1-3, 6)"

하나님은 누가 뭐래도 나의 산업이시요, 나의 분깃이시며, 내 잔의 소득이시다. 나는 언제부턴가 장황한 기도보다 진실이 함축된 단순하고 솔직한 한마디, 한 줄 기도를 더 좋아하게 되었다.

이를테면 밥 먹을 때마다 "하나님 아버지! 감사합니다. 하나님을 위하여 이 밥을 먹게 하소서. 하나님의 영광을 드러내기 위하여 이 밥을 먹게 하시고 힘을 얻게 하소서!" 라고 기도하는 것이다.

아침에 눈을 뜰 때마다 "고마우신 하나님 아버지! 오늘 하루도 아버지의 뜻을 위해 살게 하소서. 아버지의 뜻과 목적과 섭리를 이루어 드리는 복된 삶을 오늘도 살게 하소서. 하나님의 뜻은 하나님의 의(義)이시오니, 하나님만을 기뻐하게 하시고 하나님의 의를 위하여 죽을 수 있는 용기도 주시옵소서" 하면서 백 번이고 천 번이고 반복하여 되뇌어 보는 것이다.

8

8일 동안 계속되던
출혈을
멎게 하시다

신비한 인체구조를 소우주라고 한다. 우주가 얼마나 경이롭고 신비한가는 누구나 공감하는데, 인체 또한 그것만큼이나 신비롭고 복잡미묘하기 때문이다. 우리가 어린아이 같은 마음으로 각각의 장기 부위가 하는 일들을 볼 수만 있다면, 그것만으로도 하나님의 위대하신 창조를 깨닫고 경배 찬양할 수밖에 없다고 생각한다.

나는 언젠가 갑자기 원인 모를 피를 흘리기 시작했다. 요로결석의 병력이 있는 나는 '아니 하나님이 고쳐주신 지 2년도 못 되어 또 찾아왔나? 이러면 곤란한데……' 하면서 으레 그러려니 하면서 피가 멎기만을 기다렸다. 그런데 이번에는 이상했다. 아무런 통증도 없이 그저 피가 줄줄 끊이지 않고 나왔는데 도무지 멈출 생각을 하지 않는 것이었다. 휴지에서 수건으로 그래도 감당이 안 되니까 할 수 없이 기저귀를 찼는데, 하루가 지나도 지혈이 안 되어 병원을 찾았다.

CT촬영을 비롯하여 신장, 방광, 전립선을 들여다보는 내시경 검사까지 할 것은 다했는데 모든 부위가 깨끗하며, 단지 요로관의 작은 상처에서 출혈이 확인되었다. 레이저로 지지는 방법은 부작용이 있을 수 있어 하루 이틀 지나면 자연치유가 될 것이니 기다리라고 했다.

정말 큰 걱정을 했는데 그나마 다행이었다. 그런데 문제는 지혈이 되지 않고 한 순간도 멈추지 않은 채 무려 8일 동안이나 엄청난 양의 피를 쏟아냈다는 것이다. 의사 선생님도 고민을 했다. 그 작은 상처에서 어떻게 이렇게 많은 피가 날 수 있는지도 모르겠고, 보통 길게 잡아야 2~3일이면 지혈이 되는데 왜 멈추지 않는지도 뜻밖이라는 것이다.

나는 심장 병력이 있기 때문에 혈전용해제를 복용하고 있는데, 심장내과 협진 결과 의료사고 책임 소재 때문에 빼기를 허락해 주지 않으니 비뇨기과에서는 피가 멎기만을 기다릴 뿐 방법이 없다는 것이다. 그야말로 피와의 전쟁이 시작되었다. 기저귀와 옷에 엉겨 붙은 검붉은 피는 보기에도 끔찍했고, 남 보기에 창피하고 부끄러웠다. 아내가 농담조로 한마디 했다.

"당신 생리해? 여자보다 더 심하게 생리하는 남자가 있네. 당신 나쁜 짓 많이 했지? 회개해! 한 번 당해 봐. 여자는 한 달에 한 번씩 이 고통을 그 오랜 세월 참고 견뎌야 하지. 그 힘들고 번거로움을 한 번 느껴 봐……."

사실 나는 몇날 며칠이고 피가 멈추지 않자 특별한 '피의 사색(思索)'을 많이 했다. 참새 한 마리가 떨어져도 그냥 우연히 떨어지는 것이 아니라고 말씀하셨는데, 하물며 피가 멎지 않다니 이게 무슨 뜻일까? 하나님께서는 이 피를 통해서 무엇을 말씀하시려는 것일까? 아직은 정상수치에 가까워서 수혈까지는 고려하지 않고 있다는데, 만일 계속 이렇게 나간다면 일이 복잡해지는 것 아닐까……등등.

생물학적으로 피는 생명을 뜻한다. 피에 생명이 있기 때문이다. 성경을 보면 "피에는 생명이 있고, 피와 생명은 일체이므로 피가 죄를 속한다"(레 17:11)고 했다. 이는 하나님이 뜻하시고 정하신 하나님의 지식이다. 이는 전적으로 영적인 지식으로서 하나님이 계시하지 않으면 절대로 알 수 없는 영적인 진리다.

반면에 죄에는 죽음이 있는데, 피가 죄를 속하므로 새 생명으로 살게 해서 종국적으로는 구원에 이르게 한다. 하나님의 뜻을 깨닫고 믿는 것이 신앙이다.

신앙생활은 믿음의 해석학(解釋學)에 기반을 둔다. 어떤 일을 보고 경험할 때 내게 다가오시는 말씀에 근거하여 그 사건을 믿음으로 해석하고 삶의 방향을 결정하지 않으면 안 되기 때문이다.

내 몸에서 시도 때도 없이 줄기차게 뚝뚝 떨어지는 피를 바라보면서 나는 하나님께 이렇게 고백기도를 드렸다.

자비롭고 은혜로우신 하나님!

이제부터는 한 마디 말에도 세심하게 주의하겠습니다.

그 사람이 어떤 사람인지를 알려면 그의 하는 말을 들어보면 안다고 말씀하셨는데, 마음속에 있는 것이 말로 나오기 때문입니다.

앞으로는 참으로 진실한 말 외에는 하지 않도록 노력하겠습니다.

그리고 절실하게 꼭 필요한 말 외에는 가급적 하지 않겠습니다.

마지막으로 따뜻한 말 외에는 삼가도록 노력하겠습니다.

남에게 상처를 주고 비판하는 차가운 말 대신에 위로와 용기를 주고 격려와 힘을 북돋아 주는 따뜻한 말만 하겠습니다.

"경우에 합당한 말은 아로새긴 은쟁반에 금사과"(잠 25:11)라고 말씀하셨는데, 금쪽같은 말씀만 하면서 살게 도와주십시오.

하나님 아버지. 나를 살려주십시오.

주님께서 함께하신다는 증거를 보기 원하오니 나타내 주시옵소서.

오늘이 다 가기 전에 이 피가 뚝 멎게 해주십시오……

안산에 사시는 동산교회 황 권사님께서 캐나다로 이민 가신 친구 백 권사님과 함께 춘천까지 병문안을 오셨다. 백 권사님 남편 되시는 분은 캐나다에서 특별한 심장이식 수술로 새 삶을 얻으신 분이기도 하고, 일전에 두 부부가 우리 집에 오셨을 때 말숨 산문집을 드린 것이 인연이 되어 말씀 글 애독자가 되셨기 때문에 나를 특별하게 생각하신 것이다. 때마침 황 권사님이 나의 '피에 관한 사색'을 도와주기라도 하는 듯 의미 깊은 글을 문자로 보내오셨다.

"우리 아프지 마세. 틈틈이 운동하고

틈틈이 만나서 이 얘기 저 얘기 실컷 하고

별거 없고 재미없어도 같이 열심히 노세

좀 모자라면 받쳐주고 좀 넘치면 나눠주고

힘들다 하면 서로 어깨 기대게 해주세

어릴 때 마냥 저수지 둔벙에서 미역감고 하듯

목욕탕도 종종 같이 가고

이산 저산 오르내리세

얘기 끝엔 좀 서운해도 돌아서거나 외면치 마세나

내가 부린 것도 아집이요 네가 부린 것도 아집이니

우리 서로 맞다 해도 틀린 것에 너무 노하지 마세

어느 날 보니 가는 놈도 있데 그려

우리 기약 없는 인생줄에 엮어놓은 인연

소중히 여기며 더 다독이며 사세나

친구여!

너와 나 사이에 끝낼 일이 무엇이며 안 볼일이 무엇인가

그런 말 습관처럼 달고 사는 놈만 아니라면

우리 인연 우정으로 돌돌 말아 같이 천천히

천천히 늙어가세

투박해도 좋고

소박해도 좋고

맨질해도 좋고

뽀해도 좋을 소니

이리 맞잡은 손 꼬옥 잡고 사세 그려

이래 봐야 한세상에 이름 한 줄 남길 량으로

그리 부산 떨어대도 네가 내 친구요 내가 네 친구이니

좋은 인연 좋은 사람 멀리서 찾지 마세

한결같은 마음 늘 예 있으리니

친구여,

내 친구여……

우리 돈 많이 버세

좋은 일도 많이 하고 착한 일도 많이 하세

남부럽지 않게 못살아도 후회 없게

남의 것 탐하지 말고 사세

목소리만 들어도 좋고

술 한 잔 부딪쳐도 좋고

우리라서 좋을시고

우리 천천히 천천히 늙어가세

이 세상 오래 오래 친구로 그리 그리 아껴가며 그려……"

나는 이 글을 몇 번이고 새겨 읽어 본 후에 다음과 같은 글을 보냈다.

"황 권사님, 잘 주무셨나요. 우리 함께 천천히 천천히 곱게 늙어가자는 글을 오늘 새벽 다시 한 번 읽고 새로운 감동이 있어 글 한 편 꼭 써야겠다는 마음이 들었습니다. 늘 거룩한 동기부여를 주시는 권사님에게 진정으로 감사드립니다. 좋은 글 한 편 쓸 것 같다는 예감이 드는데 제게는 이럴 때가 가장 행복하고 또 절실하게 필요하답니다.

조만간에 권사님을 뵙기 원합니다. 밥이라도 같이 먹으면서 보다 적극적이면서도 창조적인 일들을 위하여 제가 보여드릴 것이 있습니다.

오늘도 행복한 좋은 하루 되십시오. 감사합니다."

《사명이 있는 자는 죽지 않는다》는 말씀 산문집의 추천사를 써주신 강 목사님께서도 이런 말씀을 주셨다. "사랑하는 염 목사님, 금번에 하나님께서는 목사님 속에 있는 나쁜 피는 모두 밖으로 빼주시고, 그 대신 새로운 하나님의 좋은 피로 바꾸어 주시는 것이니 너무 상심하지 마시고 담대하십시오. 좋은 일이 있으리라 믿습니다."

그런데 어제 이느 새벽이었다. 이제 그만 멎기를 학수고대하던 피가 거짓말처럼 뚝 멈추었다. 8일이 8주는 된 것 같은 길고 지루한 시간이 끝나는 순간이었다. 너무 감격스러워 지인들에게 다음과 같은 문자를 올려드렸다.

"할렐루야! 지난 8일 동안 줄기차게 나오던 피가 오늘 이른 아침부로 뚝 멈췄습니다. 님께서 기도해 주신 덕분입니다. 감사합니다. 이 예사롭지 않은 출혈을 통해서 하나님께서 뭔가를 말씀하시는 것 같습니다. 나의 체질과 형질과 조직을 아시는 주님은 그분의 깊으신 뜻과 그분의 때에 맞추어 행하시고 이루시기 때문입니다. 의사 선생님은 조금 전까지도 의외(意外)라 자기도 처음 보는 것이라고 말씀하셨지만, 이 또한 어떤 뜻이 있기 때문에 우연은 없다고 믿습니다. 오늘 무슨 특별한 대책을 세울 참이었는데 다행히 멈추었습니다. 감사한 일입니다. 오늘도 좋은 하루 되십시오."

이 문자를 받은 황 권사님은 즉시 다음과 같은 글을 보내오셨다.

"저는 커피를 마셔 꼬박 밤을 새운 줄 알았어요. 남편이 소천해도 친정엄마가 가셨어도 눈물이 없었는데 폭우처럼 쏟아지는 눈물로 왜 이런지를 몰랐습니다. 하나님의 놀라운 계획이 계셨네요. 친구는 비행기 안에서 기도하였고 저는 집에서 기도하게 하셨죠. 감사 감사하네요."

나 또한 감사한 답신을 했다.

"보잘것없는 저를 위해 밤새워 눈물로 기도하셨다니 무거운 책무 같은 것을 느낍니다. 주님의 뜻이 무엇인지 다시 한 번 생각해 봅니다. 제가 권사님께 사랑의 빚을 크게 지었습니다. 고맙고 감사합니다. 권사님께서도 속히 쾌차하시기를 기도합니다."

내가 만난 현신애 권사

병을 고친다는 의사 선생님들조차도 속수무책으로 감당치 못하는 새로운 희귀병들은 계속 발견되고 있고, 그 끝을 모르는 것이 질병의 세계라고 한다. 언젠가 TV에서 '세상의 희귀병' 이라는 제목으로 방영을 했는데, 제목 자체가 눈길을 끌어서 유심히 보았다.

하루 20번 피눈물을 흘리는 소녀와 3일 동안 앞을 못 보는 대학생이 소개되었다. 피 눈물을 줄줄 흘리는 소녀, 그것도 하루에 20번 이상 피 눈물이 흘러 핏자국이 눈물 자욱 따라 선명하게 보이는 것이었다. 이 측은하기 이를 데 없는 소녀를 보고는 말할 수 없을 만큼 안타깝다는 생각과 함께 소름이 오싹했다. 나는 어디서고 피를 보게 되면 저절로 소름이 돋는 체질이다.

또 어느 여자 대학생은 3일 동안 강제로 소경이 되고는 한다. 아무리 보려고 애써도 눈꺼풀이 자기 의지와는 상관없이 강제로 내려오고, 3일 동안은 눈꺼풀이 눈알을 덮어서 볼 수가 없는 것이다. 그런데 3일이 지나면 서서히 눈꺼풀을 위로 올릴 수 있게 된다.

참으로 희한한 병이 다 있다. 밥 맛 떨어진다? 그것도 병 중 하나다. 단순히 기분상의 어떤 느낌이 아니라 실제로 밥맛이 떨어지면 뭘 먹어도 아무 맛도 느껴지지 않는다고 한다. 억지로라도 뭔가를 먹을라치면 몸이 받지를 않아 토해내고 마는 것이다. 뭘 먹어도 맛을 모르겠다니 나는 그것이 어떤 것인지 매우 궁금하다.

그렇게도 건강하시던 나의 아버님은 어느 날부터 밥맛이 떨어져서 못 드셔서 돌아가셨다. 정기 검사 상으로는 모든 것이 정상인데 음식을 넘기면 몸이 받지를 못하고 토하는 것이었다. 참으로 황당한 일이었으나 밥맛 떨어지는 그 병이 1년도 못 되어 삶과 죽음을 갈라놓았다.

병! 그것은 인생이 만나는 최대의 복병 가운데 하나다. 얼마나 많은 사람들이 병에 걸려 행복을 빼앗기고, 목숨까지 도둑질 당해야 했는가! 병에 걸리면 고통스럽고 서럽기까지 하다. 모든 것을 수탈당한다. 고통당하는 것은 말할 것도 없고 사랑하는 사람도 빼앗기고 돈도 강탈당한다.

그러나 이런 불쌍한 인생들에게 소망이 있으니 그것은 하나님이 우리 곁에 계신다는 사실이다. 하나님은 의사 중의 최고의 의사이시다. 의사는 못 고쳐도 치료하시는 하나님은 못 고칠 병이 없기 때문이다.

하나님께서 은혜 입은 사람에게 신령한 은사를 특별히 주시면 병 고치는 천사가 따르게 된다. 예수님께서 겟세마네 동산에서 피땀 흘려 기도하실 때에 병 고치는 주의 사자가 나타나 힘을 도왔다고 말씀하고 있다(눅 5:17).

천국복음 전파에 있어서 성령님의 기름 부으심을 받은 하나님의 종은 신유사역(神癒使役)을 위하여 특별하게 쓰임 받고 있다. 한국 기독교회 신유은사 사역의 대명사라고 해도 전혀 손색이 없는 현신애 권사는 본래 황해도의 불교 가정에서 태어나 성장하여 결혼 생활은 만주 봉천에서 하게 되었는데, 어릴 적부터 안고 살아온 여러 가지 병들이 결혼 뒤에도 계속 그녀를 괴롭혔다.

그런데 첫 아기를 낳고 각혈을 하면서 사경을 헤맬 때, 봉천 서탑교회 여전도사의 전도를 받아 예수를 믿기 시작했고 교회를 다니기 시작하면서 그녀를 괴롭히던 폐결핵을 비롯한 온갖 병들이 거짓말처럼 떨어졌다. 그러나 불행하게도 20대 후반에 그만 남편과 사별을 하는 바람에 큰댁이 있는 충남 강경으로 외아들과 함께 옮겨와 신앙생활을 열심히 하며 헌신적으로 교회를 섬겼다.

하루는 교회에서 예배를 마치고 집으로 돌아오는 길에 어느 집 어린아이가 새까맣게 죽어가는 광경을 목격했다. 너무도 가련한 마음에 다가가 그 아이를 들여다보는데 손이 자꾸 아이에게로 갔다.

몇 번을 억제했지만 억제할 수 없어 결국은 아이를 껴안고 간절히 기도했는데, 죽어가던 아이가 다시 생기를 얻고 되살아나는 기적적인 역사가 일어났다. 이를 계기로 생각지도 않았던 신유의 은사를 받은 뒤로 그녀는 수십 년 동안 한결같이 수많은 병자를 위해 기도해 주는 사명을 감당하게 되었다.

나는 군에서 제대를 앞둔 1979년 3월, 우연히 내무반에 굴러다니던 《능력의 증언》이라는 책을 읽게 되었는데, 그야말로 충격이었다. 현신애 권사님이 이끄는 천국복음 신유 전도집회에서 병 고침 받은 수많은 사람들의 간증집을 흥미롭게 읽고 감동을 받았다.

성경에서나 볼 수 있는 놀라운 치유 이적들이 오늘날에도 똑같은 모습으로 재현되는 현장이 있다니 놀라움을 넘어서 미치도록 보고 싶었다. 세상 그 어떤 것보다 신유의 은혜가 내 마음을 끌었다. 하나님께서 지금 이 자리에 함께하사 직접 병든 몸을 만져주셔서 병을 고치는 신유(神癒)! 이것은 세상의 것이 아니라 하나님이 직접 나타내시는 신령한 하늘의 것이기 때문에, 이보다 전도에 유용한 것이 없고 하나님 체험에 확실한 것은 없기 때문이다.

제대를 하면 꼭 한 번 현신애 권사님을 찾아뵈어야지 하던 차에 춘천에 있는 옥산포 교회에 서울대 병원에서 간암 선고를 받고 집에 돌아와 죽기를 기다리는 어느 소녀가 있었다. 고등학교를 막 졸업하는 그 해에 피어보지도 못한 앳된 소녀가 병으로 죽어야 한다는 것을 차마 보고만 있을 수가 없었다. 낙심과 좌절에 침통해 하고 계시는 부모님을 설득하여 죽어가는 그녀를 즉시 데리고 현신애 권사님 신유집회 현장을 찾아갔다.

안타깝게도 그 소녀가 간암으로 죽기까지 20여 일간은 내게 있어 평생 잊지 못할 아픈 추억을 남긴 특별한 시간이었다. 고생도 고생이었지만 기대가 한순간에 무너져 내렸다는 상실감과 절망감은 희망의 하나님과는 정반대라고 느껴져서 이것이 더 괴로웠던 것이다.

목련꽃이 막 지던 4월 어느 날, 그녀는 앉은 채로 한 마디 말도 없이 죽고 말았다. 그렇게도 젊고 예쁜 소녀가 속절없이 새벽이슬처럼 스러지다니 원통하고 또 원통했다.

목련꽃은 지는 모습이 필 때와는 너무나도 대조적이다.

잎도 없이 쭉쭉 뻗은 나뭇가지에 아름다운 순백으로 피었다가, 칙칙하고 우중충하게 시들어 꺾이며 떨어지는 목련꽃을 볼 때면 그녀의 죽음이 생각나서 나는 눈길을 얼른 돌려버린다.

도대체 하나님은 내 기도를 들으시고 응답하시는 하나님인가?

이 소녀가 무얼 그리 잘못했다고 이런 식으로 죽어야 하는가?

아무리 생각해도 납득이 되지 않았다. 그것이 고통이었다. 나는 그 소녀가 세상을 떠난 후로는 병든 자를 위해서 기도하는 일을 오랜 세월 잊었다. 현신애 권사님 치유집회 현장에서 기적적으로 치유되는 병자들을 많이 보았음에도 불구하고, 목사인 내가 병든 사람을 위해 기도는 하지만 좀처럼 간절함이 생겨나지를 않는 것이었다.

참으로 사람은 미묘한 부분이 있는 것 같다. 똑같은 것을 보아도 어느 순간에는 부정적인 측면에만 사로잡히고, 또 어떤 경우에는 긍정적인 측면만 보이는 것이 그것이다.

나는 그 소녀가 죽은 것을 보고는 죽을 사람은 어떻게 해도 안 되고, 살 사람은 어떻게 해도 살더라는 운명론적인 생각에 사로잡혔다. 이는 신앙이 매우 좋은 것 같지만 실은 우리 기도를 들으시고 실제로 주의 뜻대로 인도하시고 도우시는 하나님에 대해서 체념적이고 부정적인 색깔의 믿음이기에 잘못된 믿음이라는 것을 훨씬 후에 가서야 깨달았다. 나의 깊은 상처는 나의 신앙에 커다란 손실을 가져왔던 것이다.

그러나 먼 세월을 돌아온 지금, 현신애 권사님을 만나게 했던 그 사건은 내게 있어서 돈으로 살 수 없는 값진 교훈과 아련한 그리움, 그리고 새로운 도전을 주고 있다. 오늘날 그 어디에서도 현신애 권사님만큼 하나님께서 큰 그릇으로 쓰신 신유사역자는 쉽게 찾아볼 수 없기 때문이다.

당시 현 권사님의 천국복음 전도 신유집회는 용산역 근처 철길 옆에 천막을 치고 집회를 했었는데, 매일매일 1만 명이 넘는 사람들이 인산인해를 이루었다. 말이 만명이지 그것은 어디서도 쉽게 볼 수 없는 진풍경이었다. 서울, 부산, 대구를 일 년 내내 오가며 하루도 쉬는 날 없이 신유집회를 했다. 전국에서 몰려온 병자들이 임시 천막을 치고 거기서 숙식을 하면서 병 고침의 은혜를 받으려고 어떤 불편도 감수했다.

이런 일들이 60~70년대 우리 기독교 역사에 생생하게 존재했다니, 우리 한국 기독교는 이러한 성령님의 은혜스러운 놀라운 역사하심을 등에 업고 부흥 성장 했던 것이 틀림없다.

오늘날 이런 별세계의 모습은 찾고 싶어도 찾아볼 수 없다. 대형천막 안에는 수 많은 사람들이 피난민처럼 가마니를 깔고 잠을 잤고, 매일매일 불치의 병자들 이 기적적인 고침을 받고 환호성을 질렀다. 또한 병자들이 매일매일 죽어 나갔 고, 죽으면 치울 때까지 천으로 덮어 놓고 그 옆에서 밥도 먹고 얘기도 하고 그 랬다. 별의별 환자가 다 있었다. 말로 다할 수 없는 죽을 병자들의 전시장이었 다. 하나님의 능력이 역사하는 이적과 기사의 현장이기도 했다.

놀라우신 하나님의 은혜로 살아나서 건강을 회복한 사람들 가운데 사명자(使命 者)가 된 사람들을 많이 만날 수 있었다. 그들이 하나님께 은혜 받고 살아난 간 증들도 수없이 들었다. 병든 환자를 들어 옮긴다거나 시체를 들어 나르는 일들 을 하는 사람들은 모두가 사명자들이었다.

 자기들은 이곳 천국복음 전도 신유집회 현장이 아니었으면 죽어도 벌써 죽었 는데, 여기서 하나님을 만나 병도 고치고 구원도 받았으니 현신애 권사님이 어 떤 힘든 일도 하라고 하면 순종한다면서 하루 밥 세 끼 얻어먹는 것도 감사하다 고 했다.

그러면서 기꺼이 궂은일도 마다않고 기꺼이 자원봉사로 감당하는 모습은 참으로 아름다웠고, 우리 시대에 이런 현장을 어디서 또다시 찾아볼 수 있을 것인가 싶어 그때 그 시절이 한없이 그립다. 이들 사명자들에게서 증언되는 그 모든 간증들의 공통점은 현신애 권사님에게 '예수 이름으로' 기도 받고 고침을 받았다는 것이었다.

제3장

글리코 영양소로
건강을
되찾은 사람들

1) 직장암과 간암에서 회복되다 심정옥(76세)

2000년에 직장암이 발병해 3기까지 발전된 심정옥씨. 항암치료로 간신히 목숨은 건졌지만 2006년 직장암이 재발했고 간에 전이되어 간암 3기 판정을 받았다. 말기 진단 후에는 병원에서 더 이상 할 수 있는 것이 없었다. 절망적인 상황에서 글리코 영양소에 대해 듣고 지푸라기도 잡는다는 심정으로 섭취하기 시작했다.

그는 글리코 영양소를 섭취하기 시작한 지 한 달 만에 몸이 무척 좋아졌다는 느낌을 받았고, 9개월 뒤에는 직장암과 간암 덩어리가 모두 사라졌다는 진단을 받았다. 건강을 되찾은 심씨는 "엊그제가 내가 죽은 지 8주년이 되던 날입니다."라며 농담을 하기도 했다. "글리코 영양소가 아니었다면 벌써 죽었을 텐데 이렇게 건강하게 살아 있지 않습니까?"

2) 실명 위기, 황반변성이 사라지다 윤안사 (81세)

윤안사씨는 의대를 중퇴하고 군에 입대해 20년간 군복무를 했다. 늘 건강하던 그는 퇴직할 때까지도 시력이 1.0이었고, 70세가 되어 시력이 0.6으로 떨어진 후에도 백내장 수술 이후 다시 시력이 1.0으로 좋아질 정도로 눈이 건강했다.

하지만 2013년, 황반변성으로 인해 시력을 완전히 잃을 위기가 찾아왔다. 황반변성은 시세포가 밀집해 있는 망막 중심부의 신경조직(황반)에 노폐물이 축적되고 이물질 출혈로 망막 색소 상피 세포손상이 생겨 시력장애를 일으키는 질환이다.

실명 위험이 높은 습성 황반변성에는 신생혈관을 제거하고 생성을 억제하는 주사 치료법이 주로 쓰이는데, 그는 루센티스 주사를 두 달에 한 번씩 10회도 더 맞았지만 차도가 없었다. 절망 속에 있던 그는 우연히 글리코 영양소를 알게 되었고 섭취하기 시작했다.

세포 끝 부분에 수많이 돋아 있는 당사슬은 당질 영양소, 당단백질, 당지질로 구성되어 있으며, 이들이 서로 유기적으로 화합하여 당합성이 잘 이루어지도록 글리코 영양소가 작용한다는 설명은 의대를 다녔던 그에게 더욱 강렬하게 다가왔기 때문이다.

글리코를 섭취한 지 두 달 정도 되자 황반변성이 호전되기 시작했다. 누군가는 이를 두고 '기적적'이라는 수식어를 붙였다. 윤안사씨는 지금 80세가 넘었지만 70세도 안 되어 보일 정도로 젊고 건강하시다. 글리코 영양소를 소개하는 소책자도 손수 만들고 30분 이상의 전문 의학 강의도 거뜬히 해낼 정도로 정정하시다.

3) 대상포진, 유방암으로 부터 해방   강용희 (68세)

강용희씨는 남성 10만 명 중 1명이 발병 된다는 유방암이 생겼으며 수술과 항암치료 12회를 진행했다.

치료 중 대상포진이 발병되어 너무 고통을 받았고 매번 찾아오는 감기 때문에 콧물과 가래에 시달렸다.

어느 날 지인을 만나 글리코 영양소 이야기를 듣고 '세상에 그러한 영양제가 어디 있겠는가' 반문도 했지만 이내 마음을 바꾸고 글리코 영양소를 섭취하기 시작했다. 결과는 놀라웠다. 체중은 83kg에서 59kg이 되었고 건강도 회복되어 주위 사람들이 놀랄 정도였다. 그 후로는 글리코 영양소의 전도사가 되어 현재까지도 글리코 영양소를 알리고 있다.

제4장

글리코 영양소에 대한 궁금한 점 물어보세요

1

생명을 살리는 글리코 영양소!
암 정복의 길, 글리코 당사슬(섬모)은 알고 있다!
생로병사의 비밀, 글리코 영양소는 알고 있다!

이런 어마어마한 생명과학 선언들이 정말 사실일까? 하고 많은 사람들은 의심한다. 그러나 이런 수많은 의심에도 불구하고 글리코 영양소의 진실은 자연 과학계, 특히 의학 분야에서 최대의 관심과 주목을 받고 있는 것이 사실이다.

전자현미경이 발명되고부터 최근에 이르기까지 불과 20~30년도 안되어서 글리코 영양소라는 신비스러운 물질과 연계하여 노벨 생리 의학상을 7차례나 받았다는 것은 단일주제로는 전례가 없는 경우일 뿐만 아니라, 위의 사실들이 학문적인 진실이라는 것을 뒷받침해 주는 명백한 증거이기도 하다.

더더욱 확실한 것은 글리코 영양소를 먹고 지금 이 시간도 수많은 사람들이 다양한 질병으로부터 벗어나 자유로워졌다는 증언들이 세계 곳곳에서 쏟아져 나오고 있다는 사실이다. 이는 이 글을 쓰고 있는 나 자신을 포함하여 내가 만나는 아주 가까운 이웃들로부터 너무도 천연스럽게 증언되는 진실이기도 하다.

참으로 놀랍지 않은가! 그런데 어째서 글리코 영양소의 진실 앞에서 여전히 머뭇거리고 망설이고 있는가? 당장 눈에 보여야만 인정하려는 현대인들에게 너무나 놀랍고 기적적인 얘기들이라 반대 급부적으로 의심하고 있는 것은 아닐까?

안타까운 심정으로 병들어 고통하시는 분들에게 글리코 영양소를 전파하다 보면 항상 받게 되는 몇 가지 질문들에 대해 명확한 이해와 도움을 주고자 한다.

질문 1 현대 의학도 해결하지 못하는 병을 글리코 영양소를 먹고 정상화 혹은 획기적인 개선이라도 이루어졌다면, 정말 그렇다면, 글리코 영양소는 만병통치약이 아닌가? 그렇게 좋은 효력을 나타내는 물질이라면 왜 제약회사는 제품화하지 않고 건강기능식품에 머물러 있는가?

이 말에는 다소 빈정대는 듯한 말투와 함께 터무니없다는 불신으로 가득 차 있다. 이에 대한 답은 우선 '글리코 영양소는 만병통치약이 아니다' 라는 것이다. 이에 대하여 의사 레이번 고엔 박사는 매우 적절하게 설명하고 있다.

"우리는 글리코 영양제를 가지고 처방의약을 투여하는 것처럼, 근본적인 치유를 하지 않고 몸에 나타난 어떤 병 증세를 억제하거나 조종하는 일도 하지 않습니다. 또한 우리는 약초를 가지고 병 증세를 치료하지도 않습니다.

우리는 단순히 몸 자체가 스스로 정상화하는 데 필요한 영양소를 투여해서, 몸 스스로 몸을 새롭게 하여 질병을 퇴치시키는 일을 하게 합니다. 영양이 결핍된 것을 바로잡는데도 대개의 경우 당장 효과를 보는 것이 아닙니다. 그러나 우리는 근본적이며, 실제적이며, 오래 지속하는 치유를 증진시키고 있습니다.

처방의약은 때로 즉시 효과를 내나, 근본적인 원인을 치유하는 것도 아니고, 부작용 역시 몸에 해를 끼칩니다. 많은 사람들이 생각하는 것과는 달리, 의약이 근본적으로 치유하는 것이 아니라, 치유는 몸에 필요한 것을 얻게 되면 몸 스스로가 하는 것입니다. 이것이 가장 좋은 치유요, 건강에 이르는 길입니다.

뿐만 아니라 우리는 모두 독특합니다. 각 개인의 생화학은 먹는 음식, 생활습관, 체질, 약물사용, 스트레스, 운동하는 정도, 유전독성 물질 등등에 의해서 영향을 받기 때문에, 같은 영양제를 섭취해도 어떤 사람은 다른 사람보다 좋은 효과가 빠르게 혹은 늦게 나타나기도 합니다.

만일 여러분이 원하는 만큼 좋은 효과가 빠르게 나타나지 않는다면, 위의 몇 가지 사항 중 어느 한 가지가 그 원인이 될 수 있습니다. 혹은 여러분은 여러분 몸의 어떤 부분이 호전되기를 바라나, 몸은 오히려 다른 곳을 먼저 좋게 만들고 있을 수도 있습니다.

예를 들어, 여러분은 영양제를 섭취하고 몸의 지방이 빠지기를 바라나, 반대로 몸은 여러분이 몸 안에 갖고 있으나, 미처 알지 못하는 어떤 종양을 먼저 제거하길 원할 수 있습니다. 최선의 방책은 여러분의 몸으로 하여금 자신의 우선순위와 시간표에 따라 정상화하도록 자유를 허용하는 것입니다.
그리고 글리코를 섭취한 후에는 반드시 인내심을 갖고 기다려야 합니다.

이것을 다음과 같이 생각하십시오. 만일 여러분의 집안에서 기르는 식물이 있는데, 관리를 소홀히 해서 죽어 간다고 합시다. 뒤늦게 죽어 가는 식물에 물을 주고 양분을 주면, 잎에 조금씩 생기가 돌기 시작합니다. 그러나 그 식물이 완전히 건강한 식물이 되려면, 죽어 가던 누런 잎들이 떨어지고 새 잎사귀들이 많이 나올 정도가 되어야 그 식물 전체가 건강하게 되는 것입니다.

우리 몸도 그와 같습니다. 여러분이 글리코 영양소와 항산화제를 섭취하면 몸의 생리학적 다이내믹이 새롭고 건강한 세포들을 많이 생겨나게 해서 옛 세포들이 교체될 때까지 기다려야 합니다.

콜간 박사는 말했습니다. 우리는 18년간 운동선수들에게 필요한 영양제를 공급했습니다. 아무리 짧아도 한 선수에게 6개월씩은 섭취하게 하였습니다. 콜간 연구소에서 달리기 선수들에게 그들의 헤모글로빈(혈색소), 헤마토크릿 그리고 적혈구 세포수를 늘리기 위해 보충제를 투여했습니다. 1개월을 섭취시켰는데 조금도 개선되지 않았습니다. 그러나 6개월이 지난 후 측정해 보니 위의 세 가지 수치들이 모두 상당히(significantly) 증가한 것을 발견했습니다. 인내를 가지고 기다려야 자연은 자연의 일을 하며, 기적을 가져옵니다.

대체의학자들은 건강 증진에 통상 3개월은 걸리고, 만성병이 있는 경우는 그 병의 오래된 햇수만큼 1개월씩 추가합니다. 예를 들어, 어떤 만성 질병에 걸린 지 5년 되었다면, 기본 3개월에 5개월을 추가해서 8개월쯤 지나면 효과가 확실히 나타난다고 믿습니다. 이런 경우도 환자가 몸과 마음과 영적으로 필요한 모든 것이 기본적으로 충족된 상태에서 말하는 것입니다.

건강기능 식품보충제에 대한 경험은 오래 섭취하면 할수록 효과가 크다는 것이 대체적인 결론입니다. 긍정적으로 몸이 건강해지는 변화는 여러분이 좋아졌다고 느끼지 못하는 중에도 일어날 수 있습니다. 본인은 건강이 퍽 좋아진 것을 느끼지 못한다 해도 혈액검사, 골밀도 측정, 체지방 등을 측정해본 결과 건강이 호전된 사실을 확증할 수 있었습니다.

실제로 건강의 호전은 세포와 분자 차원에서 시작됩니다. 이것이 점점 호전되어 나중에는 몸의 어떤 나쁜 증세나 상태 등이 그냥 사라지거나 완화됩니다. 이것이 바로 영양제가 가져오는 근본적인 치유입니다.

어떤 사람들은 매우 건강하다고 느꼈음에도 몸 안에서 일어나는 심각한 상태를 모를 수도 있습니다. 어느 TV 앵커는 평소 건강에 아무 문제가 없다고 생각했으나, 몸에 이상이 와서 진단해 보니 폐암 3기였습니다. 그는 4개월 후 사망했습니다.

배우 마이클 랜돈도 건강했으나, 별안간 암 진단을 받고 3개월 후 사망했습니다. 이런 이야기는 얼마든지 많습니다. 글리코 영양소와 항산화제를 계속 섭취하면 우리가 알지 못하는 상당한 유익을 우리 몸 전체가 받습니다. 글리코 영양제와 항산화제는 우리가 평생 사용하는 우리 몸에 줄 수 있는 최상의 선물이 될 수 있습니다.

그리고 만일 여러분이 글리코 영양소를 섭취하면서 어떤 불쾌한 명현반응(瞑眩反應)이 느껴지면, 이것은 이 영양제가 몸속에 들어가서 효능을 발휘하기 시작했다는 표시입니다. 그러므로 계속 섭취하기 바랍니다. 다만 이 명현반응이 심하면 잠시 섭취량을 줄이기 바랍니다. 며칠 멈췄다가 다시 섭취할 수도 있습니다. 우리 몸이 독소나 신진대사 중 폐기물, 기생충, 칸디다균 등에 대한 청소작업이 시작될 때 종종 불편한 느낌을 갖게 합니다. 그러나 이것은 영양제가 우리 몸 안에서 확실히 작용해서 효능을 발휘하고 있으므로 건강상태가 호전되고 있다는 증거입니다.

간단히 요약하면, 글리코 영양소는 어떤 질병을 치료하는 치료약이나 완화제 혹은 의약품이 아닙니다. 그러나 우리가 이 영양제를 보충제로 섭취하면, 실제로 우리 몸 자체가 어떤 잘못된 것을 치유할 수 있게 합니다. 우리 몸이 스스로 건강을 지키고 치유하고자 할 때, 그때 필요한 영양소를 공급해서 몸이 치유기능을 최대한으로 발휘하도록 돕는 것입니다."

글리코 영양소는 원래 면역 탄수화물로서 이 신비한 영양이 우리 몸에 들어가서 몸 자체의 면역력을 최대한 증진시키는 역할을 한다.

"우리 몸속에는 100명의 의사가 살고 있다"는 말처럼, 우리 몸은 태초에 하나님께서 스스로 질병을 낫게 하는 자동 시스템으로 병을 이기도록 신비한 인체 구조로 만들었기 때문에 병균이나 세균이 침입했을 때, 약화된 면역력이 강화되기만 하면 몸 자체가 스스로 나을 수밖에 없다.

글리코 영양소는 세포의 면역력을 근본에서 강화시켜 주는 역할을 하기 때문에 글리코 영양소를 어느 특정한 부위에 적용되는 약의 개념으로 사용할 수가 없다. 소화제, 두통약, 관절약, 피부약, 당뇨약 등으로 이름을 붙일 수도 없다. 또한 의료법상 처방약으로 FDA에 등재되려면 약의 사용기준을 명시해야만 한다.

약 복용 시 약리작용, 치사량 얼마, 즉 하루 기준 권장량 얼마라는 식으로 기준이 반드시 정해져야 한다. 아무리 좋은 약이라 할지라도 약은 그 특성상 치료와 독성이라는 긍정적 요인과 부정적 요인을 동시에 갖고 있기 때문이다.

좋은 예를 들면, 아스피린과 자몽 주스 몇 잔을 함께 먹고 사망한 사람이 여러 명이라는 의학적 보고가 그것이다. 약의 성분이 과다하게 섭취, 결합되면 어떤 환자에게는 치명적일 수도 있다는 좋은 실례다.

그런데 글리코 영양소는 순수 천연 식물에서 추출한 전혀 독성이 없는 무해한 천연 물질이기 때문에, 본질적으로 그런 약의 개념으로 다룰 수가 없다는 것이다. 말하자면 독성이 전혀 없기 때문에 치사량을 규정하거나 약으로 분류할 수 없다는 것이다. 결국 FDA에서는 '글리코 영양소는 건강기능식품'이라고 최종 결론 내렸다.

질문 2 "대다수 주치의는 왜 자기 환자에게 자신이 처방해 주는 약과 함께 글리코 영양소를 병행해서 먹지 말라고 하는가?"

이에 대한 답은 여러 가지 요인 때문이다. 일차적으로는 주치의 자신이 글리코 영양소에 대한 정확한 지식이 없을 수도 있다. 글리코 영양소의 의학적 역할에 대해서 알려지게 된 것은 1990년대 후반부터 알려지기 시작하여 오늘날에 와서야 본격적으로 다루어지고 있기 때문이다.

그리고 의사라는 전문직은 자신의 전문 분야에 대한 방어본능이 무척 강하다는 사실이다. 무슨 말인가 하면 약을 처방할 때 약물 상호작용이라는 원칙 하에서 환자를 대할 수밖에 없는 것이 의사의 입장이다. 자신이 처방한 약과 자기도 잘 모르는 분야 여타의 물질을 환자가 함께 복용했을 때, 만의 하나 문제가 생기면 그것까지 책임을 지려고 하지는 않기 때문이다. 글리코 영양소에 대한 확신이 없는 의사라면 더 말할 나위가 없을 것이다.

뿐만 아니라 병원이라는 기관은 일차적으로 영리를 목적으로 하고 있다. 아무리 인술(仁術)이라 할지라도 자본의 논리가 판을 치는 세상에서는 어쩔 수 없는 한계를 지니게 마련이다.

우리는 이 같은 현실을 인정하지 않으면 안 된다. 몸에 종기 같은 이상한 것이 보이기만 하면 조직검사나 MRI 촬영을 다반사로 하고 있는 것은 공공연한 비밀이다.

화상을 입었을 때 글리코 8가지 핵심 물질 가운데 만노즈가 풍부하게 들어 있는 글리코를 물에 개어서 발라주면 효과가 탁월하다. 그러면 영리를 추구하는 병원 입장에서는 그리 달가운 일만은 아닐 것이다. 반면에 글리코에 대한 이론과 경험이 있는 많은 의사나 약사들은 글리코를 적극 추천하고 있는 것도 사실이다.

질문 3 "글리코 영양소가 그렇게 뛰어나고 탁월한 제품이라면 왜 언론에는 광고하지 않으며 국가적인 차원에서도 홍보하지 않는가?"

글리코 영양소를 세상에 전하는 이 사업은 그 특성상 글리코 영양소의 신비한 기능에 대하여 소비자에게 최소한 5분 이상의 진실과 정성을 다한 설명이 필요하므로 글리코 제품은 네트워크 마케팅이 가장 적합한 유통방식이다.

뿐만 아니라 낭비적인 값비싼 유통구조 비용을 없애고 지혜롭고 현명한 소비자 경험만으로 소비자 네트워크를 구성하여 생산자와 소비자 모두가 윈윈(win-win) 할 수 있도록 부를 나누어주고 되돌려주는 21세기 유통방식에서 가장 탁월하고 뛰어난 전략적 지식정보 경로 마케팅이기 때문이다.

생산자와 소비자를 '버즈(Buzz, 열광, 소문)마케팅' 으로 직접 연결시켜 주는 '프로슈머 마케팅' (prosumer marketing)이야말로 미래 유통구조를 주도하는 가장 지혜롭고 뛰어난 방식이라고《제3의 물결, 부의 미래》를 쓴 앨빈 토플러 같은 미래 사회학자들은 예견한 바 있다.

질문 4　　"글리코 영양소는 왜 비싼가?"

답은 결코 비싸지 않다는 것이다. 획기적인 효과를 보이는 글리코 영양소의 본질을 알고 나면 절대로 함부로 비싸다는 말은 하지 못할 것이다. 최첨단 생명공학 기술로 6,000여 가지 천연식물에서 추출해 내어 제품화했기 때문이기도 하지만 그 효능으로 따져 보면 의약품보다 오히려 싸다고 할 것이다.

예를 들면, 글리코 영양소는 성기능 장애와 류마티스 관절염, 고혈압, 당뇨, 어린이들의 뇌성마비나 자폐증 같은 질환에도 효능을 보이는데, 이런 제품을 만들어 내는 과정은 그리 만만치가 않다. 글리코의 핵심물질 120g을 추출하기 위해서는 청정지역에서 서식하는 수많은 천연 식물을 필요로 하며 특히 알로에 제품 1kg을 얻기 위해 알로에 600kg 이상이 소요된다. 여기에 소요되는 비용을 생각해 보면 쉽게 판단할 수 있을 것이다. 그리고 성기능을 증진시켜 주는 비아그라와 글리코는 효능 면에서 비교가 되지 않는다. 줄기세포를 생성하는 데 들어가는 비용을 계산해 본다면 일반 의약품과 글리코 영양소 제품은 천문학적인 차이가 난다.

질문 5 "글리코 사업은 불법 다단계가 아닌가?"

현직 목사로서 글리코를 전파하니까 "목사님도 다단계를 하십니까?" 하면서 많은 분들이 유감을 표하고 충고를 주셨다. 물론 답은 불법 다단계 회사가 아니고 나스닥 상장사라는 사실이다.

얼마 전 페이스북에 올린 글리코 영양소 관련 글을 보고 미국에서 목회하는 나의 친구 목사님은 아래와 같은 댓글을 올려주셨다.

"염 목사님 반갑습니다. 나도 이 영양소를 통해서 많은 효과를 봤습니다. 그런데 염 목사님, 조심하십시오. 나도 이것 먹고 효과를 단단히 보았는데 그 이후부터 이것 선전하는 데 열을 올리는 자신을 발견했습니다. 자칫하면 저도 글리코 전도사가 될 뻔했습니다. God bless you."

나는 그 목사님이 말하는 뜻을 충분히 알고 있다. 그래서 감사하다. 그러나 그렇게까지 우려하지 않아도 될 것이다. 나는 천국 복음도 증거하고 글리코 영양소의 유용성도 할 수만 있다면 더 널리 알리고 싶다. 그것은 나 자신이 죽으리만큼 병고에 시달린 아픈 경험이 있기 때문이다. 사실 질병 앞에 목숨이 경각에 달린 사람에게 가장 급선무는 우선 병을 고치고 살고 보는 일이다.

첫째도 둘째도 질병의 고통에서 해방되는 일이다. 그것만큼 절박한 소원도 없고, 그것보다 더 중요한 일은 없기 때문이다. 그들에게 병을 고쳐주는 실질적인 대안이 되어 주고, 도움이 되어 주는 일이 있다면 그것 자체가 가장 가치 있는 '일 중의 일' 이 될 것이다.

물론 하나님도 병을 고치시는 분이지만 그것은 하나님의 마음에 있는 문제이기 때문에 어려운 길일 수도 있고, 그런 뜻에서 가장 힘들고 특별한 것 중의 특별한 것이라 할 것이다.

그런데 하나님을 모르는 사람이나 보편적인 일반사람들은 누구에게나 적용되는 보편적인 그 어떤 것을 필요로 하고 있고 또 요구하고 있다. 이런 상황에서 위대하신 은혜의 하나님께서 천연 자연 가운데 글리코 영양소라는 신비한 물질을 만들어 두셔서, 이 땅의 모든 사람이 질병 치유에 잘 사용하기를 원하고 계신다는 것은 너무도 자연스럽고 당연한 것이다.

한번 잘 생각해 보시기 바란다. 우주 만물 속에 전기 원리가 태초부터 있었지만, 그것을 발견하여 백열전구로 상용화해서 쓰기 시작한 것은 에디슨(1879년)이라는 천재 발명가의 손에서 비로소 시작되었다. 그것은 인류의 역사상 기나긴 세월과 비교하면 바로 엊그제 같은 일이다. 전기를 사용하기 이전 인류 역사는 불편한 삶을 살 수밖에 없었던 것이 사실이다. 만일 에디슨이 없었다면 문명도 오늘날처럼 발전시킬 수 없음은 두말할 나위가 없다.

글리코 영양소 역시 마찬가지다. 글리코 영양소는 1990년대, 불과 얼마 전의 일이지만 앞으로 수많은 환자들을 병고로부터 해방시켜 줄 것이다. 얼마 전까지만 해도 각종 암을 비롯한 난치병, 희귀병들은 그저 운명적인 고통으로 받아들일 수밖에 없었으나, 이제는 글리코 영양소 덕분에 새로운 희망을 가질 수 있게 되었다.

의료기관 종사자들이나 목사, 그 어느 누구도 글리코의 진실과 효능을 아는 그 순간부터 긍휼한 마음을 가지고 병들어 고통받는 이웃 분들에게 진실한 사랑의 마음을 담아 글리코 영양소의 가치를 알려주시기를 바란다.

그것이 구체적이고 실질적인 대안 있는 살아 있는 사랑이다. 글리코 영양소의 가치를 알고 있다면 어찌 알고 병고로 고통받는 이웃에게 남의 일처럼 침묵할 수 있단 말인가!

내 몸을 돌보고 내 가족을 보살피듯 우리 이웃을 대접하고 관심을 갖는 것이 사랑의 본질인데, 병든 자를 대접하는 가장 좋은 방법은 근본에서부터 병을 이기도록 만들어주는 글리코 영양소를 소개하는 일이다.

하나님이 인류에게 주신 글리코 영양소! 이것은 분명 고통과 파멸에서 생명을 살려주고 행복을 선물하는 기쁜 소식임에 틀림없기 때문이다. 그런데 어째서 목사가 글리코를 전파하면 자기 본분을 벗어나는 행위라고 판단 받아야 하는가? 이는 마치 "교회 안에서의 예배 따로, 사회생활에서의 행동 따로 식의 이율배반이 아닌가?" 하고 되묻지 않을 수 없다.

예수님은 천국 복음을 전파하실 때 긍휼한 마음으로 각색 병든 자들도 고쳐주셨음을 잊지 말아야 한다. 하나님께서 이 세상에 글리코 영양소라는 신비한 물질을 남겨두신 이유는 그것을 잘 활용해서 병을 고치라는 뜻이다. 마치 에디슨이 전기를 발견하여 인류에게 혜택을 준 것처럼 말이다.

그러므로 결론은 매우 간단하다. 이 땅의 모든 사람들, 그중에서 지도자의 위치에 있는 사람들은 더욱더 글리코 영양소의 위대한 가치를 깨달아 알아야 한다. 우리 곁에는 비만을 비롯하여 병든 사람들이 너무도 많다.

당뇨병의 경우 약물치료를 받는 환자가 2006년 166만 명에서 2013년 272만 명으로 64% 증가했다. 20세 이상 성인 중 당뇨병이 OECD 국가 평균 6.5%인데 우리나라는 7.9%이다. 일본 5.0%, 중국 4.2%보다 훨씬 많다. 2014년 한 해 건강보험 진료비 54조 4,000억 원 중 고혈압(2조5,000억 원), 만성신장질환 (1조 4,000억 원)에 이어 당뇨병(1조 3,000억 원)이 3위다. 간접비를 포함하면 당뇨병 관련 사회, 경제적 비용이 2조 8,000억 원에 육박한다.

우리 가족 구성원 중에서 병 없는 사람이 거의 없다. 글리코 영양소를 먹지 않아도 될 만큼 건강에 자신 있는 사람이 거의 없다. 지금 건강하다고 자신하는 사람도 우리 몸에 필요한 필수 탄수화물 가운데 핵심 8당이 부족하기는 마찬가지이기 때문에, 예방의학 차원에서도 글리코 영양소는 모두가 먹지 않으면 그만큼 손해가 된다. 그것이 글리코 영양소를 알아야 할 이유다.

②

글리코 영양소
섭취 후
사업도 할 수 있다

글리코 영양소 사업은 남을 이용해서 돈이나 버는 일도 아니고 윗사람 좋은 일 시키는 피라미드식의 불법 다단계는 더더욱 아니다. 사람의 생명을 건강하게 회복시키는 가장 좋은 정보를 알려주는 선한 일이요 선진화된 신 유통방식의 사업이다.

글리코 영양소의 진실은 점점 세상에 알려지고 있다. 머지않아 비타민을 비롯한 모든 영양소 가운데 단연 으뜸의 자리를 차지할 것이다. 그것은 생명을 살리는 일에 있어서 글리코 영양소를 따라갈 제품이 세상 천지에 없기 때문이다. 경쟁사회에서 가장 강력한 무기는 가장 강력하고 좋은 차별화되는 제품 그 자체에 있다.

오늘날 글리코 영양소에 대해 탁상공론식으로 말한다. 나는 단호하게 말하고 싶다. "여타의 것을 보지 말고 글리코 영양소의 본질 그 자체를 보라!"고 말이다. 글리코 영양소가 내 몸에 무엇을 가져오는가를 보고 판단하라는 뜻이다. 글리코 영양소의 진실이 내게 무엇인가를 되물어 보라는 말이다.

글리코 영양소는 내게 진실과 거짓 둘 중의 하나일 뿐이다. 어중간한 위치에 서서 방황하지 말 것을 부탁한다. 생로병사의 비밀이 글리코 영양소에 있으니 글리코 영양소를 확고하게 붙드는 사람에게 건강한 삶의 미래에 좋은 일들이 기다리고 있다고 생각한다.

오늘날 현대 의학계는 여실히 한계를 드러내고 있다. 과학은 발전해가고 대형 병원은 점점 늘어나고 있지만, 그러나 아이러니하게도 불치병이나 희귀병, 난치병은 더욱 증가하는 추세이고 여전히 고칠 방도도 없다. 그러나 글리코 영양소는 세포의 근원에 접근하여 건강한 모습을 되찾게 해주는 일등공신이다.

그런 이유로 앞으로의 현대 의학계는 통합의학으로 가지 않으면 비전이 없다. 말하자면 현대의학 + 대체의학(자연의학) = 통합의학이 되지 않으면 희망이 없다. 바로 그렇기 때문에 글리코 영양소 네트워크 마케팅 사업은 그 전망이 무엇보다도 밝다.

글리코 영양소는 따지고 보면 건강할 때 꾸준히 먹어둠으로써 질병을 사전에 차단하는 것이야말로 가장 현명하고 지혜로운 방법이다. 이미 병이 든 사람은 하루빨리 먹고 병을 이겨내야 한다. 그러니까 글리코 영양소 제품은 모든 인류에게 필요한 것이므로, 시장 규모는 전 세계 사람들이기에 그 어떤 것보다 넓고 크다 하겠다.

무자본, 무점포로 누구나 할 수 있는 사업! 나 자신이 필요하여 글리코 영양소를 섭취하면 사업자에게는 누구나 20% 정도를 할인 구매하는 혜택을 주고, 뿐만 아니라 내가 이웃에게 글리코 영양소를 전파하여 구매가 이루어지면 정직하고도 적절한 보상플랜에 의하여 경제적인 자유까지도 보장해 주는 시스템이기 때문에 누구나 사업가가 되기를 거절할 이유가 없다.

노후 대비에도 이보다 좋은 사업은 없다. 뿐만 아니라 내가 평생을 헌신하여 네트워크 마케팅 구축에서 얻어진 수익은 내가 죽으면 나의 배우자에게 계승되고, 배우자도 죽으면 나의 후손들에게까지 100% 상속되는 이런 복지 혜택은 어느 국가, 어떤 기업체를 가도 찾을 수 없다. 이것은 연금 개념과는 비교될 수 없는 차원의 보상이다. 글리코 영양소 네트워크 사업은 이 모든 것을 확실히 보장하고 있다.

글리코 영양소 사업을 함에 있어서 전문적 지식이나 사회적 경력이나 학벌이 필요한 것도 아니다. 성별이나 나이 이런 것도 묻지 않는다. 자본이 있느냐 없느냐도 묻지 않는다. 전혀 무자본으로 시작할 수 있는 사업이 바로 글리코 영양소 네트워크 마케팅이다. 다만 글리코 영양소의 가치를 알고 글리코 영양소에 대해 사람들에게 진심을 담아 얘기하고 권해줄 수 있는 사람이면 충분하다.

더욱이 우리 사회는 청년 실업, 베이비붐 세대(1957~63년) 700만 명의 은퇴와 폭탄 실업 문제로 골치가 아픈데 네트워크 사업은 고용 창출의 실업 구제에도 한 몫을 감당함으로 사회발전에도 큰 공헌을 하고 있다. 그리고 글리코 영양소 네트워크 사업은 팀워크를 이루는 신뢰관계를 가장 중요하게 여기는 사업이다. '남을 성공시키는 것은 곧 내가 성공하는 비결' 이라는 경영 마인드를 갖지 않고는 할 수 없는 사업이다.

또 항상 팀워크로 일하기 때문에 내가 조금 부족하면 팀이 채워주고 이끌어 준다. 서로 돕고 사는 관계의 회복은 네트워크 마케팅의 가장 중요한 기술이기 때문이다. 그러므로 누구나 네트워크로 연결되어 손에 손을 잡고 함께 가기만 하면 성공할 수 있는 사업이 글리코 영양소 네트워크 사업이다.

그런데 이런 것들보다도 더 중요한 것이 있다. 이 사업의 목적성이 선한 일 그 자체라는 것이 그것이다. 말하자면 사업을 하는 명분이 천국복음 전파처럼 아름답고 선하다는 말이다.

천국복음 전파가 하나님께서 기뻐하시는 가장 아름답고 중요한 일인 것처럼, 이 사업 역시 질병으로 고통 받고 있는 사람들에게 희망의 메시지를 전해주고 도와주는 현재적인 구원의 일이 되기 때문이다.

하나님의 아들 예수님께서도 이 세상에 오셔서 천국복음을 전파하시고 각종 질병으로 고통당하는 자, 각색 병든 자들을 고쳐주시고 귀신을 내어 쫓아주셨다(마 4:24).

그런 의미에서 글리코 영양소 네트워크 사업자들은 단순히 돈을 버는 목적으로 일하는 사람들이 아니라 건강한 사람은 건강을 유지시켜주고 질병으로 고통 받는 분들을 긍휼히 여기고 기도하는 심정으로 글리코 영양소를 알려주는 사명자들이다. 또한 그런 사명자가 될 수 있을 때 풍성한 결실도 기대할 수 있을 것이다. 글리코 영양소 네트워크 사업에 임하는 진지한 마음 태도가 사업의 승패를 결정지을 것이다.

③

대체 의학의
중심에
글리코 영양소가 있다

아래의 글은 지난 2015년 10월 24일
글리코 네트워크 경영자 과정을 마치면서 쓴 글이다.

글리코 네트워크 경영자 과정을 마치면서…

오늘 글리코 네트워크 6주 과정을 무사히 마치게 되어 기쁘고 감사하다.

그동안 도와주신 모든 분들께 진심으로 감사한다.

우리 몸 안에는 신비롭게도 100명의 의사가 살고 있다는데 (자연치료 의학회 서재걸 박사), 이 명의들이 놀지 않고 각각 제 전공분야에서 자기가 해야 할 일을 성실하게 제대로 수행할 수 있도록 적합한 분위기와 환경을 만들어 주는 역할을 해주는 것이 바로 생명의 달콤한 언어, 글리코 영양소가 아닌가 생각해 본다. 우리 몸 안에 들어간 글리코 영양소는 가장 탁월하게 면역체계를 만들어줄 뿐만 아니라 세포 상호간에 비밀 암호체계로 정보를 교환할 수 있는 글리칸(섬모, 당사슬)을 새롭게 만들어주는 역할을 하기 때문이다.

그런 의미에서 글리코 영양소는 대체 의학의 유일한 방법이라고 할 수 있다. 말하자면 우리 몸속의 현명하고 지혜로운 명의들이 일하게끔 만들어줄 수만 있다면 갖가지 질병들은 퇴치될 수밖에 없는 것이다. 따라서 글리코 영양소의 가치는 위대하다. 21세기 의학계의 대혁명이요 대체 의학으로 자리매김할 날도 멀지 않다는 것을 확신한다.

그러므로 글리코 영양소 네트워크 사업자가 된다는 것은 우리들 자신이 글리코 영양소의 가치를 전파하는 것이고, 병들어 고통당하는 이 땅의 수많은 사람들에게 희망의 등불이 되어줌으로써 건강한 생명을 선물해주는 귀하고 아름다운 큰일을 하고 있는 것이다.

우리는 단순히 글리코 영양소라는 제품을 파는 사업자가 아니고 글리코 영양소 전파자의 사명감을 가지고 가장 귀한 생명을 주는 사업가인 것이다. 말하자면 글리코 영양소 비즈니스맨들은 글리코 가문을 만들어가는 것이다.

우리는 글리코 네트워크 사업을 통해서 행동하는 사랑으로 인류애에 실질적으로 참여하는 주인공들이 되는 것이다. 왜냐하면 영양실조로 죽어가는 세계 500만 명의 어린이들을 글리코 영양소 판매에서 얻어진 수익금 가운데서 사회적 기금을 마련하여 생명을 살려주는 실질적인 주체가 우리 글리코 네트워크 사업가들이기 때문이다.

그런 뜻에서 우리는 좋은 제품을 사달라고 부탁하는 입장이 아니라 오히려 그 반대다. '세상에서 가장 귀하고 값비싼 생명을 치유해 줄 것이니, 이 글리코 영양소의 가치를 알고 깨닫는 자는 받아서 건강한 생명과 행복을 찾게 되기를 바란다! 하고 축복을 베풀어 주는 사람들이다.

나는 이러한 사명감으로 보다 적극적이고 공격적인 네트워크 마케팅으로 일할 생각이다. 그래서 가시적으로도 괄목할 만한 성과를 보여 줌으로써 이 사업을 하시는 모든 분들에게 긍정적인 동기부여를 해드리고 싶다.

그리고 글리코 영양소를 만난 지 20일 만에 〈글리코 영양소로 내 몸은 다시 태어났습니다〉라는 책의 초고를 쓰게 되었는데 수정 보완하여 곧 출간할 예정이다. 그동안 민병대 사장님과 많은 분들의 조언 가운데 수정에 수정을 거듭하여 마무리 단계에 왔다. 이 또한 감사한 일이 아닐 수 없다. 이 책이 나오면 글리코 네트워크 사업에 유용하게 활용될 수 있기를 기도한다.

2015. 10. 24. 염소망

위에서 보는 바와 같이 이 발표문에는 글리코 영양소와 글리코 네트워크 그리고 글리코 사업자의 본질적인 상관관계가 잘 나타나 있다. 우리 몸의 글리코 영양의 결핍 문제는 결코 약만으로 해결될 문제가 아니다. 그것은 첫째, 근본적인 현대인들의 식사습관과 관계된 문제이고, 둘째, 현대화가 가져온 이런저런 여러 가지 불가피한 환경적인 요인과 맞물려 있기 때문이다. 근본적인 식사 개혁도 어려움이 있고, 어쩔 수 없는 삶의 상황도 그 한계가 있다. 여기에 심각한 문제가 있다. 그러나 특별히 필수 탄수화물 8가지가 절대 부족한 현대인들에게 8당 종합 영양제인 '글리코 영양소'가 우리 곁에 가까이 있다는 것은 감사한 일이요 절대적인 도움과 희망이 될 것이다. 세포 건강을 되살리는 글리코 영양소의 가치는 의학계 100여 년 역사 중에 가장 중요하고 빛나는 혁명적인 발명이었다고 평가할 만하다.

2001　'사이언스誌' 42페이지 분량 기재

- *Cinderella's Coach Is Ready.*
  신세계가 펼쳐지다
- *Saving Lives With Sugar.*
  사람을 살리는 당
- *Sugar Separates Humans From Apes.*
  인간과 유인원은 당으로 구별된다
- *Glycoprotein Structure Determination*
  당 단백 구조 결정
- *Glycosylation and The Immune System.*
  당화 와 면역체계

March 23, 2001.Vol 291 No 5512

이는 마치 근대에 접어들면서 에디슨이 전기를 발명하여 모든 인류가 과학문명의 혜택을 누리게 된 것과 마찬가지로 글리코 영양소는 인류를 질병의 고통으로부터 해방시킬 수 있는 단초를 열어주었기 때문이다.

글리코 영양소는 지금 몸이 아픈 사람들보다 현재 건강한 사람들에게 일차적으로 유익하다. 글리코 영양소는 예방의학 차원에서 항구적으로 건강을 지켜줄 것이기 때문이다.

그리고 이미 병들어 고통받는 분들에게는 병에서 놓임 받을 수 있는 희망이요 기회가 될 것이다. 어떤 상황에서도 절대 낙심하거나 포기하지 말고 글리코 영양소를 먹어서 면역체계를 되살려냄으로써 병든 몸을 근본에서 다시 만들어 낼 것을 권한다. 이것이 건강 회복의 지름길이다.

나는 수많은 병든 자들이 글리코 영양소를 먹고 회복되는 것을 똑똑히 보았고 내 자신도 경험했다. 우리 몸 안에는 100명의 의사가 살고 있다고 한다. 우리 몸 스스로 병을 고칠 수 있는 면역 시스템을 갖고 있다는 것이다. 또한 우리 몸은 우리가 먹는 음식으로부터 필요한 것을 이용하도록 태초부터 설계되어 있다.

건강한 사람이라 할지라도 글리코 영양소를 음식물 섭취하듯이 평소에 꾸준히 섭취할 수 있다면 더할 나위 없이 지혜로운 건강 지키기가 될 것이다. 병에 걸리기도 전에 그것은 아예 병의 접근을 막아주는 효과가 있을 것이다. 그런 의미에서 글리코 영양소는 하나님이 인류를 위하여 특별히 주신 혜택이요 은혜의 선물이다. 글리코 영양소에 하나님의 특별하신 뜻과 섭리가 있다고 믿는다.

우리 몸이 스스로 건강을 지키고 정상화하고자 할 때 몸이 정상화 기능을 최대한으로 발휘할 수 있도록 도와주는 글리코 영양소를 공급해 주는 일은 무엇보다도 우선하는 중요한 일이다. 각종 질병으로 고통당하시는 분뿐만 아니라 건강한 사람도 예방의학 차원에서 글리코 영양소가 절대적으로 필요함을 상기하기 바란다.

나는 목사라는 이름의 명예를 걸고 자신 있게 말할 수 있다. 누구나 글리코 영양소를 섭취하면 실제로 우리 몸은 치유와 개선을 체험하게 될 것이라는 사실을 말이다. 우리 몸 자체가 스스로 그와 같은 것을 체험하게 만들어 갈 것이다. 하나님은 우리 몸 자체가 그렇게 되도록 설계하시고 뜻하셨기 때문이다.

나는 희망을 전하는 글리코 영양소 전도사다

지금 이 시간에도 생명을 살리는 글리코 영양소를 자기 이웃에게 나누어 주어야겠다는 사명감에 불타는 사람들이 최대의 효율성을 합리적으로 극대화한 프로슈머 네트워크 버즈 마케팅으로 열정적인 사명감으로 일하고 있다.

사람들은 글리코 영양소의 진실을 정확하게 알아보지도 않고 편견과 무지와 오해 가운데 휩싸여서 고민만 하는 경우가 많다. 직접 와서 알아보시기 바란다. 옛말에도 백문불여일견(百聞不如一見)이라고 하지 않던가!

나는 천국 복음 전파의 또 다른 영역을 글리코 영양소에서 발견했다. 나는 하나님 말씀이라는 영적 세계와 육체의 보편적 정상화에 결정적인 열쇠를 쥐고 있는 글리코 영양소 이 모두를 전파해야 할 사명감을 갖게 되었기 때문이다. 이것은 나로 하여금 글리코 영양소 네트워크 사업에 대한 무한한 열정을 주고 행복감마저 느끼게 한다. 질병으로 고통당하는 세상에 글리코 영양소를 알리는 네트워크 사업은 부족한 재정 문제 이전에 사람의 생명을 고쳐주고 살려준다는 사명감이 천국복음 전파와 똑같이 일치하기 때문이다.

그런 의미에서 나는 이렇게 말한다.

"나는 글리코 영양소 네트워크 사업의 프로가 될 것이다. 어설픈 아마추어는 사명자에 맞지 않기 때문이다. 목숨을 거는 프로가 되지 않고는 제대로 일할 수 없다. 나의 진실은 이렇다. '글리코 영양소 전파가 설령 내게 물질적 보상을 해주지 않는다고 할지라도 나는 계속 기회 닿는 대로 열심히 전파할 것이다.'"

그런데 합리적 보상플랜에 의해서 땀 흘려 수고한 대가를 물질로 채워 준다니 이 얼마나 고마운 일인가! 그러므로 누구든지 생명을 사랑하고 질병으로 고통당하는 이웃을 긍휼히 여긴다면 주저하지 말고 글리코 영양소를 알려주시기 바란다. 나의 생명이 다하는 날까지 생로병사의 비밀을 간직하고 있는 글리코 영양소를 전파할 생각이다. 병들어 고통 가운데 죽어가는 사람들에게 희망을 선물할 수만 있다면 그것보다 절실하게 소중한 것도 없고 그것은 곧 기쁜 소식 그 자체이기 때문이다.글리코 영양소의 과학적 사실과 그것의 결과는 이미 수많은 사람들의 체험에 의하여 검증되었다. 맛있는 식당으로 소문난 집에 수많은 손님들이 드나드는 것은 이미 먹어 본 사람들이 맛있다고 인정했기 때문이고, 직접 어떤 물건을 사보고 좋다고 후기를 남기는 것도 경험을 통한 정보를 나누려는 것이다. 나와 내 주변 사람들 역시 직접 글리코 영양소를 체험했기 때문에 그 진실을 말하고 싶은 것이다.

앞서 소개한 글리코 영양소가 지닌 과학적 사실을 숙지하시길 바란다. 병이 낫는다는 막연한 믿음을 강요하는 것과는 절대적으로 다르다. 우리가 해야 할 것은 과학자들이 증명한 사실에 따라 몸이 원래의 기능을 회복할 수 있도록 글리코 영양소를 잘 섭취하는 것이다. 그리고 이 기쁜 소식을 주변사람들에게 많이 알려야 한다. 그것이 대안 있는 사랑의 행위이고 글리코 네트워크 사업의 본질적인 기술이다.

일단 글리코 영양소를 섭취해보면 서서히 놀라운 효과를 경험하게 될 것이다. 부작용도 없으며 영양제를 먹듯 간편한데도 효과가 뛰어나다는 것을 알게 될 것이다. 글리코 영양소를 먹고 좋은 결과를 체험하고 나면 그는 질병으로 고통 받는 사람들을 보고 그들에게 이 좋은 글리코의 소식을 전하게 될 것이다.

이 글리코 영양소가 무서운 질병을 예방해 주고, 최상의 건강에 이르게 하며, 나아가 노화를 지연시켜 준다는 것을 알려 주게 될 것이다. 세상은 끊임없이 변한다. 새것이 오면 옛것은 낡은 것이 되어 뒤로 물러나게 되어 있다. 이는 당연한 세상의 이치가 아닌가!

이제 의학계도 변화하고 있다. 새로운 생화학: 당생물학, 당분학, 당과학, 그리고 당분영양제! 다시 말하면 글리코믹스(Glycomics)의 시대가 오고 있다. 존 홉킨스대학 생화학교수 제럴드 하트 박사 역시 "당생물학을 알아야 면역학, 신경학, 불치의 질병을 이해할 수 있다."며 당생물학의 중요성을 강조했다.

우리는 마음을 넓게 열어야 한다. 우리 자신을 위해서, 그리고 우리 곁에 있는 모든 고통 가운데 있는 환자를 위해서 글리코 영양소의 진실을 받아들여야 한다. 의학의 아버지라 불리는 히포크라테스(Hippocrates)도 이런 말을 남겼다.

"무엇보다 해를 주지 마십시오!(Primum non nocere, Above all, do no harm!)"

그리고 또 이렇게 말했다.

"당신의 음식을 당신의 약으로 삼고 당신의 약이 당신의 음식이 되게 하시오."

온고지신(溫故知新)! 옛 선인들의 말이 맞다! 약이 따로 있는 것이 아니라 꼭 먹어야 하는 음식이 바로 약이다. 글리코 영양소는 세포 간의 대화를 도와 세포재생과 면역기능을 증진시키기 때문에 부족한 경우에는 반드시 보충해 주어야 한다. 과학자들은 세포간의 의사소통이 제대로 이루어지지 못하면 그 결과로 질병이 나타나는 것을 알아냈다. 세포간의 신호교신은 지금까지도 전 세계 연구자들이 몰두하는 분야다. 그만큼 세포간의 교신능력이 건강에 미치는 영향력이 크며 오늘날 세포 교신을 돕는 당생물학 분야가 크게 주목받고 있는 이유다. 지금도 매 해 8,000건 이상의 연구논문이 발표되고 있으며 이 분야의 연구로 지금까지 4차례나 노벨상(1994년, 1999년, 2000년, 2001년)을 수상했다.

같은 분야에서 노벨상을 이렇게 자주 받은 일은 무척 드물다. 그만큼 당생물학 분야가 건강 유지의 비밀을 여는 열쇠가 될 수 있다고도 볼 수 있다. 인체는 세포로 이루어져있다. 세포의 재생을 돕고 제 역할을 할 수 있도록 세포 간 교신을 돕는 글리코 영양소가 얼마나 중요한지 독자분들도 충분히 공감하셨으리라 생각한다. 이 책을 읽고 더 알고 싶으신 분은 주저 없이 연락주시기 바란다.

나는 특별히 목사님들과 장로님들 그리고 교회 직분자들을 초청하고 싶다. 교회는 하나님의 집일뿐만 아니라 성도들을 특별히 사랑하기 때문이다.

글리코 영양소는 하나님 신앙의 세계와 밀접한 관련이 있기 때문이다. 그래서인지 글리코 네트워크에서 사업하시는 분들 가운데 70~80%가 기독 신앙인들이다. 목사님, 장로님, 권사님, 집사님들이 대부분이다. 나는 이것이 마음 든든하다. 어떤 마음과 믿음을 갖느냐 하는 영적인 정신세계의 문제는 물질세계와 떼려야 뗄 수 없는 관계에 있기 때문이다.

아무리 글리코 영양소가 내 몸 안에서 단백질 당 합성 반응을 일으켜도 그 모든 것을 총괄하시고 다스리시는 하나님께서 궁극적으로 허락하시지 않는다면 아무 효력도 나타내지 못할지도 모른다.

그러므로 누구든지 경건한 마음으로 글리코 영양소를 먹고 건강을 회복하고, 나아가서 복과 생명의 근원이 되시는 하나님을 더 잘 알고 섬기게 되기를 기원한다. 나에게 자문을 구해 오시는 분은 누구나 내 일처럼 친절히 안내해 드리고 함께 기도로 도울 것을 약속드린다.

2016년 1월 새해 아침에 염소망 목사

암에 걸려도 살 수 있다
200만 암환자에게 전하는 희망의 메시지

'난치성 질환에 치료혁명의 기적' 통합치료의 선두주자인 조기용 박사는 지금껏 2만 여명의 암 환자들을 치료해왔고, 이를 통해 많은 환자들이 암의 완치라는 기적 아닌 기적을 경험한 바 있으며, 통합요법을 통해 몸 구조와 생활습관을 동시에 바로잡는 장기적인 자연면역재생요법으로 의학계에 새바람을 몰고 있다.

조기용 지음 / 255쪽 / 값 15,000원

20년 젊어지는 비법 1,2

한국인들의 사망률 1, 2위를 차지하는 암과 심장질환은 물론 비만, 제2형 당뇨, 대사증후군, 과민성대장증상 등 각종 질병에 대한 지식정보를 제공, 스스로가 자신의 질병을 치유하고 노화를 저지하여 무병장수하도록 평생건강관리법의 활용방법을 제시하고 있다.

우병호 지음 / 1권 : 380쪽, 2권 : 392쪽 /
값 각권 15,000원

건강의 재발견 벗겨봐

섣부른 의학 지식과 상식의 허점을 밝히며, 증명된 치료법도 수위와 내용이 조금씩 다르고 서로 다른 환경에서 받아들여야 하므로, 이를 맹신하는 것은 위험하다고 지적한다.

김용범 지음 / 272쪽 / 값 13,500원

효소건강법

당신의 병이 낫지 않는 진짜 이유는 무엇일까? 병원, 의사에게 벗어나 내 몸을 살리는 효소 건강법에 주목하라!! 효소는 우리 몸의 건강을 위해 반드시 필요한 생명 물질이다. 이 책은 효소를 낭비하는 현대인의 생활습관과 식습관을 짚어보고 이를 교정함으로써 하늘이 내린 수명, 즉 천수를 건강하게 누리는 새로운 방법을 제시하고 있다.

임성은 지음 / 264 쪽 / 값 12,000원

건강적신호를 청신호로 바꾸는 건강가이드
내 몸을 살린다 세트로 건강한 몸을 만드세요

① 누구나 쉽게 접할 수 있게 내용을 담았습니다.
일상 속의 작은 습관들과 평상시의 노력만으로도 건강한 상태를 유지할 수 있도록 새로운 건강 지표를 제시합니다.
② 한권씩 읽을 때마다 건강 주치의가 됩니다.
오랜 시간 검증된 다양한 치료법, 과학적·의학적 수치를 통해 현대인이라면 누구나 쉽게 적용할 수 있도록 구성되어 건강관리에 도움을 줍니다.
③ 요즘 외국의 건강도서들이 주류를 이루고 있습니다.
가정의학부터 영양학, 대체의학까지 다양한 분야의 국내 전문가들이 집필하여, 우리의 인체 환경에 맞는 건강법을 제시합니다.

정윤상 외 지음 / 전 25 권 세트 / 값 75,000원

공복과 절식

최근 식이요법과 비만에 대한 잘못된 지식이 다양한 위험을 불러오고 있다. 이 책은 최근 유행의 바람을 몰고 온 1일 1식과 1일 2식, 1일 5식을 상세히 살펴보는 동시에 식사요법을 하기 전에 반드시 알아야 할 위험성과 원칙들을 소개하고 있다.

양우원 지음 | 274쪽 | 값 14,000원

진정한 건강 식단은
'개인별 맞춤식 식단' 에서 시작된다
한국인의 체질에 맞는 약선밥상

한국 전통 약선의 기본적인 주요 개괄을 설명하는 동시에 이를 실생활에 응용할 수 있도록 했다. 우리가 현재 먹고 있는 밥상이 얼마나 건강한 것인지, 나와 내 가족에게 얼마나 적합한 것인지 고민하는 모든 분들께 이 책이 작고 큰 도움을 제공할 것이다.

김윤선 이영종 지음 | 216쪽 | 값 11,000원

잘못된 다이어트 상식, 당신을 병들게 한다
의사가 당신에게 알려주지 않는
다이어트 비밀 43가지

살을 빼기 위해 많은 다이어트를 시도하는 사람들에게 다이어트 상식에 관해 명쾌한 진단을 내려주는 가이드북이다. 전 세계에 2만 6천 가지의 다이어트 법이 있지만 잘못된 다이어트로 인해 이전보다 더 뚱뚱해지거나 다른 질병까지 얻게 되는 경우도 있다.

이준숙 지음 | 256쪽 | 값 11,000원

먹지 않고 힘들게 살을 빼는
혹독한 다이어트는 이제 그만!
다이어트 정석은 잊어라

살을 빼기 위해서 적게 먹는 혹독한 다이어트로 인해 발생하는 문제점과 지금까지 다이어트가 실패할 수밖에 없었던 원인을 밝힌다. 이 책은 해독 요법만큼 원천적이고 훌륭한 다이어트는 없다는 점을 강조하는 동시에, 균형 잡힌 식습관을 위해서는 일상 속에서 무엇을 알아야 하는지를 상세하게 설명하고 있다.

이준숙 지음 | 152쪽 | 값 7,500원

우리 가족의 건강을 지키는
최고의 방법 내 병은 내가 고친다!
질병은 치료할 수 있다

50년간 전국 방방곡곡에서 자료 수집 후 효과를 검증받아 쉽게 활용할 수 있는 가정 민간요법 백과서이며 KBS, MBC 민간요법 프로그램 진행 후 각종 언론을 통해 화제가 되기도 하였다.

구본홍 지음 | 240쪽 | 값 12,000원

피부과 전문의가 주목한
한국 최고 아토피 치료의 모든 것
아토피 치료 될 수 있다

아토피 분야의 임상으로 국내에서보다 일본, 미국에서 잘 알려진 구본홍 박사가 펴낸 양한방 아토피 정보서다. 이 책에는 일상생활 속에서 아토피 방지를 위해 실천할 수 있는 생활 수칙 뿐만 아니라, 현재 각광받고 있는 다양한 치료법을 소개한다.

구본홍 지음 | 120쪽 | 값 6,000원

음이온이 만들어내는 친환경 세상
기적의 음이온

우리를 괴롭히는 수많은 질병들은 환경오염에서 비롯된다. 신종플루, 조류독감 등 최근 등장한 무서운 질병들은 거의 바이러스 형태로 대기의 먼지를 타고 이동한다. 공기를 정화하고 우리 몸을 건강하게 하는 친환경 음이온에 대한 안내서다.

이청호 지음 | 152쪽 | 값 6,000원

성인병 예방을 치유하는 천연 복합 물질
실크 아미노산의 비밀

몸에 좋은 실크 아미노산에 대해 얼마나 알고 있는가? 현대인에게 건강 신소재로 각광받고 있는 실크 아미노산에 대한 영양학적인 효능과 지금까지 공개되지 않았던 실크 아미노산의 모든 것을 전하고 있다.

윤철경 지음 | 128쪽 | 값 6,000원

참고도서 및 문헌

1. 내 몸을 살리는 글리코 영양소/이주영 박사 지음

2. 의사가 알려주는 당 영양소 이야기/ 레이번 고엔 박사

3. Case Report Proceeding Vol.4, NO.3/ 서원교

4. 부인할 수 없는 하나님의 길/ 린다 케스터 저. 조병철, 엄정섭 옮김

5. 당신의 병을 자연식으로 고칠 수 있다/ 문창길 지음

6. 기타: 글리코 강의록 및 인터넷자료

글리코 영양소로
내 몸은 다시 태어났습니다

초판 1쇄 인쇄	2016년 05월 10일	**2쇄** 발행	2019년 01월 30일
1쇄 발행	2016년 05월 20일		

지은이	염소망
발행인	이용길
발행처	모아북스 MOABOOKS

관리	정윤
디자인	이룸

출판등록번호	제 10-1857호
등록일자	1999. 11. 15
등록된 곳	경기도 고양시 일산동구 호수로(백석동) 358-25 동문타워 2차 519호
대표 전화	0505-627-9784
팩스	031-902-5236
홈페이지	www.moabooks.com
이메일	moabooks@hanmail.net
ISBN	979-11-5849-022-5 03570